신기한 화학 매직
그 비법을 밝힌다

야마자키 아키라 지음
임승원 옮김

BLUE BACKS
韓國語版

これは
びっくり! **化學マジック・タネ明かし**
スーパーマーケット・ケミストリ
B—755 © 山崎 昶
1988
日本國・講談社

이 한국어판은 일본국 주식회사 고단샤와의 계약에 의하여
전파과학사가 한국어판의 번역・출판을 독점하고 있습니다.

【지은이 소개】

山崎昶 야마자키 아키라
1937년 출생
도쿄(東京) 대학 이학부 화학과 졸업, 이학박사, 전기통신대학 조교수
전문은 무기화학・분석화학・화학정보인데 바쁜 연구의 틈을 타서 동서고금
(東西古今)의 서적을 가까이 하였다. 왕성한 호기심과 폭넓은 지식에는 정평
(定評)이 있고 전문서적 이외에도 『화학 무엇이든 상담실』 『화학용어 소사
전』 등을 비롯하여 많은 저서, 번역서가 있다. '한 사람이라도 더 많은 사람에
게 화학의 재미있음을 알아 주기 바란다'라고 여러 방면에서 활약하고 있다.

【옮긴이 소개】

林承元 임승원
1931년 경기 평택 출생
경복고등학교 졸업, 서울대학교 공과대학 화학공학과 졸업, (주) 럭키 공장장,
럭키엔지니어링(주) 이사 역임

─── **머리말** ───────────────────────

천문학이나 생물학 등과는 달리 우리 주변의 물건을 화학의 눈으로 보려고 하는 것을 세상 사람들은 그다지 따뜻한 눈으로 보고 있지 않다. 대학입시 준비를 하는 사람으로서는 「화학은 암기하는 것」으로 되어 있고 실제 생활로부터 멀리 떨어지고 엄중히 격리된 실험실 안에서 흰 가운을 입은 수재나 재원(才媛)들이 그럴듯한 손놀림으로 도가니나 레토르트(Retort)를 다루고 있다고 하는 매우 구시대(약 백 년 전?)적인 이미지가 이 세상에 퍼지고 있는 것은 텔레비전 드라마나 미스터리 작품 등의 여기저기에서 볼 수 있는 광경으로도 알 수가 있다. (현실의 연구실에서 레토르트가 있는 곳은 여간 열심히 찾아다니지 않으면 눈에 띄지 않을 것이다).

수학이나 생물학의 세계와는 달리 화학의 세계에는 억지로 암기하지 않으면 안되는 것은 실제로는 거의 없다. 역사나 지리, 천문학이나 고(古)생물학 등과 같이 다른 사람과 화제(話題)를 같이 하기 위해서는 방대한 양의 기초지식을 쌓지 아니하고서는 안된다고 하는 분야에 비교하면 화학의 세계의 기반(基盤)은 훨씬 적은 지식으로 흡족한 것이다. 그러나 인스턴트 문화의 세상에서 시험을 치를 때에 바로 소용이 되도록 서로 전혀 맥락이 없는 단편적인 지식으로서의 화학을, 더구나 그다지 교수법에 자신이 없는 선생님으로부터 배운다고 하면 대다수의 젊은 사람에게는 결과적으로 소화불량증을 일으켜서 싫어하게 되는 사람이 늘어나도 뾰죽한 수가 없을지도 모른다.

얼핏 보기에 맥락이 없는 것 같은 것이라도 자기의 몸으로서 체험한 것을 토대로 하여 마치 「조각그림 맞추기 장난감」처럼 맞추어 낼 수 있다면 선생님으로부터 마지못해 배운 「화학」도 훨씬 재미있는 것이 될 것이고, 관련되어 있는 다른 분야에도 새로운 관점을 가질 수도 있게 된다. 그러나 이「몸으로서 체험한다」는 것이 현재로서는 매우 어렵게 되어 버렸다. 이것에는 여러 가지 요인이 얽혀 있기 때문에 하루아침에 해결이 가능한 것 같지는 않다.

화학에서는 당초부터「실험」이 매우 큰 비중을 차지하고 있다. 대과학자라고 하는 분들의 자서전에도 소년시대에 혼자서 여러 가지 약품이나 기구(器具)를 수집해서 자기 방에서 몰래 실험을 하고 실패하여 어른들(거의 잔소리 많은 어머니)로부터 아주 호되게 야단을 맞았다고 하는 기록이 많이 나와 있다. 옛날의 예로서는「에디슨」이나「리비히」의 전기(傳記), 최근의 것으로는「파인먼」의 자서전 등을 읽어 보면 화학실험을 즐겼다고 하는 기록이 가끔 나타날 것으로 생각한다.

물론 화학실험도 위험이 뒤따르는 것이기는 하나 철저하게 잘하고 있는 사람에게는 부엌에서 조리하는 것보다 훨씬 안전한 것이라고 말할 수 있다.「숙련되지 않은 부인이 자신만만하게 부엌에서 있는 편이 어린이들이 장난감 선향(線香)꽃불에 불을 붙이는 폭발실험에 비교하면 훨씬 위태로워서 마음을 조리게 하는 것이야」라고 말한 영양화학의 대선배도 있었다.「나이프」나 부엌칼 등의 날붙이(흉기?)나 식용유 등의 가연성 물질, 주류(酒類)와 같이「百毒의 長」이라고까지 일컬어지고 있는 것이「화학에는 풋내기와 마찬가지의」주부(主婦)의 손으로 함부로 다루어지고 있는 것을 보고 있노라면 확실히 이 대가의 말에 찬성의 뜻을 나타내고 싶어지기도 한다. 더구나 부엌에는 강력한 산화제(酸化劑)인 표백제, 폭발성이 있는 도시가스나 프로판가스도 있을 것이다. 기구(器具)로서는「마이크로웨이브」가열 전기로인 전자레인지,「오토클레이브(Autoclave)」인 압력솥, 그 외에도 확실히「위험이 가득찬」곳이 부엌이다.

그렇다고는 하나 역시 화학실험은 재미가 있는 것이다. 그래서 아주 번거로운 교실에서의 수업이나 즉각 정확한 보고서의 제출을 요구당하는 학생 실험실에서의 교육적인 「실험」과는 별개로 부근의 백화점이나 슈퍼마켓 등에서 살 수 있는 재료를 사용한 즐겁고 쉬운 화학실험의 안내서를 만들어 보기로 하였다. 그 중에는 마술(magic)거리로서도 재미있는 것도 있다. 그러나 정말 재미있는 효과만점의 마술로 하기 위해서는 연출의 솜씨가 없으면 무리이기 때문에 여기서 서술하는 것 이외는 독자 여러분이 각기 생각하여 주기 바란다.

학교의 화학실험을 하찮게 느끼게 하는 또 하나의 원인은 지나치게 「교육적」이라는 것이 아닐까.「이 조작(操作)을 하면 이런 저런 것을 알 수가 있을거야」라고 하는 선생님의 열광에 압도되고, 더구나 실험이 끝난 직후에 정확한 보고서를 제출토록 하는 의무가 부여된다고 하면 소박한 놀라움으로 시작되는 화학실험에서 재미를 느낄수 있는 여유가 자칫하면 없어져 버리기 쉬운 것이다.

재미가 있으면, 다음에 실험을 반복할 때나 다른 사람 앞에서 실험을 해보여 주고 싶어졌을 때에는 희미한 기억에 의존하는 것보다는 스스로 정확히 기록을 하여두고 싶어지는 것이다. 그렇게 되면 실험노트를 자기나름대로 정확히 정리하여 두면 안심이 된다. 실험의 조작법이나 보고서의 정리방법 등을 알기 쉽게 정리한 것으로는 도쿄(東京) 대학의 이와모토 후리다케(岩本振武) 교수가 쓴 『화학실험의 룰(Rule)과 리포트(Report)의 작성방법』(공학도서)이라고 하는 간결한 책이 있으니 참고로 함이 좋겠다.

그러나 간단한 실험을 잠깐 반장난으로 하여 볼까 할 때라면 순서는 그렇게 쉽사리 잊어 버리는 것이 아니기 때문에 처음부터 정확한 실험노트를 무리하게 정리할 필요는 없을 것이다. 그러하더라

도 사용한 양(量) 등은 간단한 메모 정도라도 좋으니 기록해 두어
야 한다.

곤충채집이나 별의 관측, 들새 관측 등과 마찬가지로 화학실험이
자기의 취미였다고 하는 사람들의 숫자는 결코 적은 것이 아니다.
그 중에서도 의외라고 생각하는데 18세기의 문호(文豪)이고 유
명한 영어사전을 편찬한, 독설가(毒舌家)로서도 유명한 사뮤엘·존
슨의 전기(傳記)〔보즈웰(Boswell) 지음〕가 최근 이와나미(岩波)
문고에서 복각(復刻)되었는데 이것을 읽어 보면 그가 화학실험에
상당한 시간을 할애하였다는 것을 알 수 있다. 우리들에게는 영문
학이나 국문학의 대가(大家)가 시험관이나 「플라스크」를 손에 들고
있는 정경(情景)은 도저히 상상도 할 수 없는 일인데 역시 화학실
험의 재미는 무엇으로도 대체할 수 없는 매력을 가지고 있었기에
대문호를 사로잡아 놓아주지 아니하였을 것이다. 셜록 홈즈(Sher-
lock Holmes)도 자기 방에서 화학실험을 하고 있었던 것으로 되
어 있다.

「화학물질은 모두 위험한 것이다」라고 하는 일견 설득력있는
「미신」을 믿고 있는 선남선녀의 숫자는 적은 편이 아니다. 그러한
죄없는 사람들을 오도(誤導)하는 세상도, 또 그것으로 돈벌이를 하
고 있는 식자(識者)도 괘씸하다고 생각되는데, 물도, 공기도, 음식
물도, 의류(衣類)도, 인체(人體) 그 자체도 훌륭한 「화학물질」인 것
이다.

물론 어떠한 것이든 양이 지나치게 많으면 위험한 것은 당연한
것이고 물이라 할지라도 인간을 죽일 수가 있는 것이다〔미국의 재
판화학(裁判化學)의 보고서에는 인간에 대한 「물」의 반수치사량[주1]
(半數致死量, LD_{50})이 기재되어 있다고 한다〕.

「유리에 손을 베었다든가 성냥불에 화상을 입었다든가 하는 아

주 사소한 일에도 뭐냐고 말하면 바로 다른 사람의 탓으로 돌리려고 하는 인간에게는 본래의 화학실험의 재미는 이해가 되지 않을 것이다」라고 하는 극단적인 표현을 한, 명문 고등학교의 선생도 있었다. 정상적인 업무와 관계가 없는 괴로운 일까지 강요당하여 현장에서 수고하고 있는 선생님들의 노고(勞苦)가 생각난다. 학교에서의 화학실험이 재미없게 되는 원인의 하나로서 이러한 종류의 PTA(사친회)나 관공서의 말많은 존재를 무시할 수 없다는 것을 예로 들 수 있는 것은 사실인 것 같다. 그러나 곰곰히 생각해 보면 이것은 좀 우스꽝스러운 것이다.

예를 들면 「시안화칼륨은 위험하기 때문에 교장실에 자물쇠를 채워서 보관하여 안전을 기하고 있습니다」라고 말하는 학교가 적지 않은 것 같으나 자기가 가르친 아이들의 장래의 안전을 정말 생각한다면 실물을 학생에게 보여주고 「시안화칼륨은 이러한 결정(結晶)이고 시안화수소는 이러한 냄새가 나니까 만일 이러한 냄새가 나면 모든 것을 제쳐놓고 도망을 가라!」라고 가르치는 편이 참된 안전교육이 아닐는지. 아무것도 모른 채로 독가스가 충만하고 있는 방으로 태연하게 들어가는 인간을 많이 양성하는 것은 아무리 보아도 「안전교육」은 아닐 것이다.

안전을 위해서는 실험에서 취급하는 시약 등의 양이나 순서는 중요한 문제이다. 재미가 있을 것 같다고 해서 규모를 키워서(Scale-up) 대량의 것을 취급하면 원래 소량일 경우 지극히 안전한 것도 곧바로 위험한 것이 되는 것은 피할 수 없는 것이다. 따라서 이 책에서 정확히 분량(分量)이 적혀 있는 곳은 다소 오차를 감안하였으나 역시 그 분량을 지켜주었으면 한다. 저자(著者)나 출판사를 포함한 우리쪽으로서도 고의로 위험한 것을 나열한 것은 아니기 때문에 이쪽의 지시를 무시한 결과로서 사고가 발생하였다

하더라도 원래 거기까지 책임은 질 수가 없는 성격의 것이다. 앞에서 언급한 바와 같은 난잡한 부엌의 위험성에 비교하면 화학실험의 경우는 사용하는 물질의 소성(素性)을 알고 있는 만큼 원래는 훨씬 안전하고 무해(無害)한 것이다.

서독(西獨)에 가면 에스컬레이터의 타는 곳 등에 정해진 문구(文句)로서 「auf eigene Gefahr !」라고 하는 문자가 흔히 눈에 띈다. 즉 「편리하나 그것에 상응하는 위험도 있는 것이니까 타려면 그 위험성을 안 다음에 타라」고 하는 것이다. 좀 넘어져서 다친 정도로도 곧바로 남의 탓으로 돌린다면 처음부터 타지 말고 자기 발로 걸어서 가라고 할 것이다.

학교의 실험실에서는 처음이라 서투른 학생도 그다지 실패하지 않아도 되도록 순도가 높은 약품이나 편리한 기구 등을 사용하는 것인데, 우리들 주변에 있는 것, 특히 그것이 생활용품이다보면 도저히 그러한 순도가 높은 것이 없다. 실제로 우리가 쓰는 일용품의 대부분은 일상의 이용에 편리하도록 일부러 여러 가지의 것을 혼합(조합)한 것이 많다. 따라서 시험공부와 같은 송두리채 암기하는 식의 지식으로는 바로 납득이 가지 않는 것이 많이 있어도 별로 이상할 것이 없다. 그러나 학교에서 배운 본래의 맥락을 잘 파악하고 있으면 그것으로부터의 발전으로서 잘 알게 될 것이다.

기구들도 정식(正式)의 비이커나 플라스크가 없으면 할 수가 없다고 생각하는 분들의 숫자는 학교 선생님들 중에도 결코 적지 않다. 그러나 화학실험용의 기구도 원래는 일용품이었던 것이다. 도쿠가와(德川) 막부 말기(幕府末期)나 메이지(明治) 초년(初年)의 선구자들의 기록을 보면 정상품(正常品)은 멀리 네덜란드나 독일에서 몇 개월씩 걸려서 사오지 않으면 안되었기 때문에 호리병이나 아리다야키(有田燒)의 접시형 작은 사발, 미농지(美濃紙) 등을 짜맞추어서 화폐의 순도검정(純度檢定) 등 상당히 높은 수준의 실험을 하였던 것을 알 수 있다. 독일어에는 지금도 비이커나 플라스크는 일용품의 술잔이나 병(瓶)과 같아서 각각 「Becher」, 「Flasche」라고 부르고 있다. 즉 날마다 사용하는 식기(食器) 등이 실험에 사용된 역사가 언어 위에 아직도 살아 있는 것이다.

이 글 속에 여기저기 다소 어려운 말이 적혀 있으나 이해하지 못하면 처음에는 대충대충 읽어도 괜찮다. 한번 독파(讀破)한 뒤에는 처음 읽을 때의 어려움도 또 변할 것이기 때문에 필요에 따라 반복해서 읽는 것도 좋을 것이다.

───── **어떠한 물건이 사용될 수 있을까?** ─────

예전에는 큰 백화점에 가면 교재매장(教材賣場)이라고 하는 코너가 있어서 모형비행기나 광석(鑛石)라디오, 또는 곤충채집용구 등과 함께 간단한 화학실험을 할 수 있는 키트(Kit)가 진열되어 있었다. 이것으로 황산구리나 중크롬산칼륨의 선명한 색깔이 인상 깊었다고 하는 분들의 숫자는 결코 적은 것은 아니었다. 그러나 오늘날에는 거의 이러한 상품이 진열되어 있는 것을 볼 수 없다. 상품의 회전이 더디다는 것과 국민학교나 중학교에서 닥치는 대로 교재를 공동구입하는 풍조가 만연되어 일일이 사서 가지고 온다는 번거로운 일을 싫어하게 되었기 때문이기도 할 것이다. 그 중에서도 가르치는 선생의 입장에서 보면 학급 전원(全員)이 동일한 것을 갖추는 것이 편하기 때문이기도 하다. (그러나 이러한 것은 하여야 할 일을 게을리 하는 것이 아닌가 하는 비판이 있는 것도 사실이다).

그 때문에 학교의 교실이나 실험실이 아니고서는 특히 화학에 관해서는 충분한 실험이 불가능하다고 생각하고 있다면 이것은 역시 대단한 오해이다. 마음이 내켜 찾아보면 제법 많은 화학실험의 재료가 백화점이나 슈퍼마켓에도 진열되어 있는 것이다.

미국에서의 텔레비전 교육 프로그램의 연출 겸 감독인 뷔키·코프여사(女史)가 만든 『재미있는 Kitchen Science─부엌은 실험실』이라고 하는 책이 있는데 사키가와 노리유키(崎川範行) 선생이 번역한 것이 도쿄도서(東京圖書)에서 간행되었다. 나라의 사정도 있어서 식료품점에 진열되어 있는 것도 상당히 상이(相異)한 것 같기 때문에 그대로 우리가 바로 착수할 수 있는 것만은 아나나 제법 재미있는 물건이 진열되어 있다.

내가 여기저기의(보통의) 슈퍼마켓의 매장을 기웃거리고 사서 갖춘 것을 재료로 하여 20여 종류의 실험을 표기하여 보기로 한다.「도큐(東急)한즈」 또다른 대규모의 DIY점(店)까지 발을 뻗치면 더 여러 가지의 물건을 입수할 수 있으나 아직은 지역적으로 매우 좋은 곳 이외에는 없을 것 같아서 너무 특수한 것은 별도로 하였다.

대개 큰 백화점이나 슈퍼마켓이면 과학실험 교재의 매장이 아니더라도 취미코너라든가 일요목수, 플라스틱 모델, 원예(園藝) 등의 코너에는 제법 많은 가지수의 화학약품이 비치되어 있으니까 찾아보는 것도 또한 하나의 재미일는지도 모른다.

──── 연구하기 나름으로 사용될 수 있는 기구(器具) ────

앞에서도 말한 바와 같이 화학실험에는 유리로 만든 플라스크나 비이커, 시험관 등 제대로 된 물건이 없으면 안된다고 생각하는 사람이 많으나 가열(加熱)을 할 필요가 없으면 플라스틱 용기로도 충분히 사용할 수 있다. 화장품이나 인스턴트 커피의 빈병 등으로도 투명한 것이라면 깨끗이 씻어서 말리면 사용할 수 있는 것이 대부분이다. 폴리에틸렌으로 만든 목이 긴 세제(洗劑) 병(상표없는 상품코너에 있었음)도 있으면 편리한 것인데 주방용의 중성세제가 들었던 빈병을 사용한다든가 여러 가지로 아이디어를 짜낼 수 있을 것 같다. 폴리에틸렌 또는 폴리프로필렌으로 만든 비이커는 날짐승 먹이를 만들거나 하기 위해서 사용되는 것 같고 낚시도구점에서 입수하였다는 이야기도 들었다. 규모가 작아도 좋은 경우라면 사진필름의 투명한 용기가 제법 편리하게 이용될 수 있다. 다만 이것은 조금 안정성이 나쁜 것이 결점이어서 조심성 없는 사람에게는 알맞지 않다.

교반(攪拌)을 위한 유리막대기(교반봉)도 칵테일용 머들러(mu-ddler)나 조금 큰 이쑤시개일지라도 충분히 사용될 수 있다. 다만 대부분의 플라스틱 제품은 열이나 유기용매에 약하기 때문에 분별해서 사용할 필요가 있을 것이다. 래커(lacguer)의 피막(皮膜)은 내화학약품성이 크고 강한 산(酸)이나 알칼리에도 여간해서 침식되지 않기 때문에 외톨이가 된 래커칠용 젖가락 등을 사용하여도 좋을 것이다. (제2차 대전 중 래커칠을 한 나무상자를 비이커 대신으로 사용해서 실험을 하였다고 하는 작고한 노인선생의 회고담을 들은 적도 있다).

「시약을 한방울 가한다」 따위의 말을 할 때 유리로 만든 피펫이 없어도 플라스틱의 스포이트로서도 충분한데 일부러 사지 않아도 생선초밥 등에 따라 나오는 플라스틱제 붕어모양의 간장통을 깨끗이 씻어서 사용할 수도 있다. 뚜껑을 달을 수 있어서 이것이 더 편리할 때도 있다.

뒷정리도 중요하다. 원래가 일용품이기 때문에 대부분의 것은 그대로 하수구에 흘려버리거나 가연성 쓰레기로서 폐기하여도 괜찮을 것이다.

자기의 책상 위에서 실험을 하려면 다소 물을 엎질러도 대수롭지 않도록 깔개나 쟁반 위에서 실험하도록 유념하기 바란다. 이것만으로도 엄마의 잔소리가 한결 줄어들 것이다. 가열이 필요한 경우에도 될 수 있는 대로 끓인 물에 담그는 정도로서 끝낼 수 있도록, 즉 일일이 가스버너나 알코올램프가 없어도 가능하도록 하였다.

컴퓨터나 전기기구의 부류(部類)는 수분이나 먼지, 산이나 알칼리의 증기를 극단적으로 싫어한다. 따라서 패미컴(Familly Computor)이나 워드프로세서(Word-processor) 등이 있는 방에서는 화학실험은 금물이다(냉장고나 세탁기 등 소위 가전제품도 본래는 마찬가지이나 이러한 것은 뭐니뭐니해도 부엌이나 목욕탕 등의 습도가 높은 곳에서 사용하기 때문에 최근의 제품은 다소 수증기 정도로는 지장없도록 만들어져 있다).

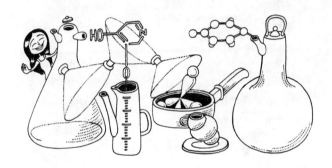

먼저 재료를 갖추자 !

—— 슈퍼마켓에서 ——————————————

하치오지(八王子)나 조후(調布) 근처의 도쿄도(東京都)에 있는 전형적인 슈퍼마켓이다. 〈세이유(西友) 스토어, 고라쿠엔(後樂園) 스토어, 쥬지쓰야(忠實屋), 게이오(京王) 스토어, 이나게야 등〉. 실험에 쓰일 수 있을 만한 것을 나열하여 보았다.

- ○ 치자(gardenia)열매
- ○ 밀가루풀
- ○ 하이비스커스 차
- ○ 카레이(curry)가루
- ○ 인스턴트 젤리(젤라틴의 것과 해조(海藻) 익스트랙트의 것)
- ○ 젤라틴
- ○ 소결백반(암모늄명반)
- ○ 베이킹 파우더
- ○ 엽차(茶)
- ○ 화장실용 세제(묽은 염산)
- ○ 조미료(미원, 미풍 등)
- ○ 식용색소 : 적색 102호, 황색 4호, 청색 1호
- ○ 곤약(崑蒻)

○ 쥬스류
○ 소금(식염)
○ 설탕
○ 레모네이드의 원료(포도당)
○ 드라이 아이스
○ 식초
○ 진한 초(8%)
○ 아이소토닉 드링크
○ 세제(세탁용, 주방용)
○ 유리닦이
○ 샴푸
○ 린스
○ 표백제(염소계, 산소계, 유황계)
    칼라블리치(과탄산나트륨)
    하이드로(하이드로술파이트)
○ 목욕용제
○ 벤젠
○ 장뇌(樟腦)
○ 나프탈렌
○ 파라졸(파라클로로벤젠)
○ 증류수(소프트 콘택트렌즈용)
○ 종이컵
○ 사이다
○ 맥주
○ 파인애플
○ 파파이아

○ 키위
○ 감자

──── **원예·문방구·페트(pet)코너에서** ────

○ 요소
○ 석회
○ 인산제3나트륨
○ 회지(懷紙)
○ 잉크지우개
○ 싸인펜
○ 압지(blotting paper)
○ 만년필용의 예비잉크
○ 제도용 핀(압정)
○ 종이 뚫는 송곳
○ 전지(電池)
○ 꼬마전구(電球)와 소켓
○ 하이포(티오황산나트륨·5수화물)

──── **약국에서** ────

○ 묽은 암모니아수
○ 묽은 염산
○ 묽은 요오드팅크
○ 옥시돌
○ 연료용 알코올
○ 아스피린
○ 증류수(정제수)

○ 종이기저귀
○ 탈지면(커트면)
○ 티슈페이퍼

번호외(番號外)의 실험으로서 조금만 특수한 약품을 입수(入手)하면 가능한 것을 써 놓겠다. 경우에 따라서는 학교 선생님으로부터 소량이면 얻을 수 있을지도 모르나 그다지 일반적이 아니라고 생각된다(취급에도 주의가 필요한 것이 많기 때문에).

○ 수산화나트륨(가성소다)
○ 메틸렌 블루(현미경의 세트에 들어 있는 것이 많다)
○ 새프러닌(safranine)
○ 헤마톡실린(hematoxylin)
○ 루미놀
○ 글루코스
○ 적혈염(페리시안화칼륨 potassium ferrycyanide)

차 례

색을 분리하자

?

1

페이퍼 크로마토그래피

——— **일러두기** ———

우리의 주변에는 여러 가지로 선명한 색채를 가진 것이 많이 있다. 이 색채의 원천인 「색소(色素)」 중에는 물에 녹는 것과 녹지 않는 것이 있다는 것은 경험을 해서 이미 알고 있을 것으로 생각한다.

물, 기타의 액체에 녹는 색소는 「염료」라 부르고 녹지 않는 것은 「안료」라 하여 구별하는데, 플라스틱 물통이나 페인트 등의 착색에 사용하는 경우에는 물에 녹아나와서는 곤란하기 때문에 당연히 「안료」를 써야 하는 것이다. 한편 종이 위에 그림이나 글씨를 쓰거나 할 때에는 물에 녹는 색소쪽이 편리한 경우가 많기 때문에 전적으로 염료가 사용되고 있다(더구나 천 등을 염색할 때에는 염색될 때까지는 물에 녹아 있고 섬유에 염착이 되면 물에 녹지 않게 되는 성질을 갖는 것이 아니면 곤란하기 때문에 옛부터 각각 걸맞는 성질의 것이 탐색되어 왔다).

사인펜 등으로 종이 위에 그린 것이 물방울이 튀거나 하면 퍼져 버리는 것을 여러분도 흔히 경험하였을 것으로 생각한다. 이것은 수용성(水溶性)의 색소가 물 때문에 종이 위로부터 떨어져 나가기 때문인데 아주 잘 관찰하면 이 퍼지는 방법이 색에 따라서 다소 다르고 반점(斑點)이 생기는 방법도 일정하지는 않다는 것을 알 수 있다. 이와 같이 차이가 있다면 혼합되어 있는 색소를 분리할 수 있는 것이 아닌가라고 생각된다. 그것을 위해서는 물이 움직이는 방향을 정해주지 않으면 잘 되지 않을 것이다. 따라서 약간의 연구를 할 필요가 있다.

화학실험에서는 이와 같은 분리의 전용(專用)을 위한 종이(여과지)가 있어서 그것을 사용해서 여러 가지 어려운 분리를 한다. 여과지(濾過紙)의 품질에 있어서는 종이의 나라인 일본의 여과지 중에 세계적으로 일·이등을 다툴 정도의 것이 몇 가지 종류나 시판되고 있다(세계적으로 유명한 것은 독일의 슈라이히야 & 슐, 스웨덴의 문크텔, 미국의 와트만 등의 제품이다).

준비물

회지(懷紙)[주2]
사인펜[수성의 펠트(felt)펜류] 서너 개
볼펜
착색된 쥬스
압정, 클립 등
인스턴트 커피의 빈 병(무색투명의 것)

매니큐어의 제광액(除光液)
식초
중조(重曹)

── 이러한 방법으로 한다!

다도(茶道)에서 사용하는 「회지(懷紙)」는 질기고 우수한 화지[주5)](和紙:일본종이)로서 물을 잘 흡수하고 강도(强度)도 그다지 떨어지지 않는다. 또한 크기도 적당하여서 이번 실험의 경우에는 한장을 그대로 사용할 수 있다. 만일 분리하는 대상의 숫자가 적으면 반분하거나 4분의 1로 잘라서 사용하면 좋을 것이다. 화지에는 종이결이 있기 때문에 절단할 때에는 이 결대로 자르기 바란다(손으로 찢어보면 알겠지만 화지는 가로방향으로는 여간해서 찢어지지 않는다. 따라서 억지로 찢는 것을 「종이를 가로로 찢기」라고 하는 것이다).

「회지」가 없으면 흡착지(吸着紙)나 신문지의 여백(余白)이 있는 곳을 사용할 수도 있다. 그러나 물에 젖었을 때의 강도는 뭐니뭐니 해도 전통있는 회지에는 도저히 당하지 못한다.

하단(下端)으로부터 1~2cm 되는 곳에 연필로 가로로 선을 한 줄

그어 둔다. 이 선 위에 여러 가지 색의 사인펜(수성 펠트펜)으로 역시 1㎝ 정도씩 떼어서 점(点)을 찍는다. 동일 메이커의 1조로 되어 있는 것을 비교한다든가 또는 같은 색조(色調)의 다른 메이커의 것을 비교하여 보면 좋을 것이다. 착색된 쥬스를 한 방울 떨어뜨려도 똑같은 실험이 가능하다. 다만 이 경우에는 한 방울만으로는 점이 보이지 않게 되어버리는 일이 있기 때문에 적하(滴下)한 후 한 번 말려서 다시 한 번 적하를 반복하여 색소의 양을 늘려줄 필요가 있을 것이다.

이것을 쏙 들어갈 수 있는 인스턴트 커피의 빈 병 속에 세운다. 병 속에는 미리 물을 5㎖ 정도 넣어둔다(뒤에 넣으면 종이가 불균일하게 젖어서 애써서 한 실험이 잘 진행되지 않는다).

종이에는 미세한 공간이 많이 있고 더구나 물과 친화(親和)하기 쉬우므로 모세관현상 때문에 물이 자꾸만 빨아올려진다. 아래로부터 위로 한 방향의 흐름이 생기고 이 흐름을 타서 색소의 분자가 이동한다. 그뿐 아니라 색소분자는 종이의 섬유와도 친화하는 경향을 가지고 있기 때문에(그렇지 않으면 종이에 글씨를 쓸 수 없다) 움직이는 물과 움직이지 않는 종이와의 사이에 색소분자의 서로 잡아당김이 일어나게 된다.

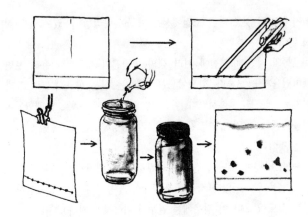

종이쪽의 잡아당김이 물보다 강한 경우에는 색의 점은 거의 움직이지 않으나 물에 친화하기 쉬운 색소라면 자꾸만 움직여 가버린다. 이 성질은 색소마다 틀리기 때문에 이동하는 거리가 길면 성분의 색소가 따로따로의 점이 생기게 될 것이다. 이 조작을 「전개 (展開)」라고 한다.

물로 퍼진 곳이 종이의 상단보다 조금 아래의 곳(대충 눈대중으로 종이의 길이의 90% 정도)에서 전개를 멈추고 병에서 꺼내어 공기중에서(그늘에서) 말린다. 색소가 따로따로 분리된 상태에서 고정되게 된다.

용매 프런트(front), 말하자면 물이 이동한 선단(先端)과 먼저 연필로 그은 선 사이의 길이로 각각의 점이 이동한 거리를 나눈 값을 Rf값이라고 부른다. 이 값은 전개의 조건이 동일하면 일정한 값을 나타낸다.

맹물 대신에 식초 또는 중조수(重曹水)로 전개하여 보면 움직이는 방법이나 점의 색이 제법 달라지는 색소가 있다는 것도 알 수 있다. 즉 Rf값이 변하는 것이다. 따라서 어느 조건에서는 잘 분리되지 않았던 것도 다른 조건에서는 깨끗이 분리될 수 있는 일도 적지 않다.

보통의 사인펜 대신에 여러 색의 형광펜의 세트를 사용해 보면 재미있을지도 모른다. 형광이 있는 색소는 실은 한 종류뿐이고 나머지는 색조를 변화시키기 위한 별개의 보통의 색소가 배합되어 있음을 알 수 있다. 이 황색(黃色)의 형광색소는 「피로닌」이라고 하는 것이다.

수성(水性)이 아닌 볼펜으로 나란히 점을 찍어보면 거의 움직이지 않음을 알 수 있다(제품에 따라서는 수용성의 색소를 포함하고 있는 것도 있으나 이 경우에는 일부가 이동하여 간다).

볼펜의 잉크는 물로서는 전개할 수 없는 것이 대부분이다. 별개의 회지(懷紙)로 지금 실험한 싸인펜의 전개와 동일하게 선을 그어서 색이 틀리는 볼펜으로 점을 그린다.

사인펜의 경우에는 물로 전개하였으나 이번에는 매니큐어용의 제광액을 사용하여 보자. 이 주성분은 초산에틸로서 물에도 약간은 녹고 유분(油分)도 용해시키는 능력이 있기 때문에 응용범위도 넓어진다. 다만 초산에틸의 휘발성은 물보다 크기 때문에 뚜껑을 잘 닫을 수 있는 용기(인스턴트 커피의 빈병 등)를 사용할 필요가 있다.

앞의 물로서는 거의 움직이지 않았던 볼펜으로 그린 점이 서서히 움직이기 시작하고 몇 개의 점으로 분리되어 가는 것을 볼 수 있다.

앞의 물로 전개한 경우와 마찬가지로 용매 프런트가 대략 종이 길이의 90% 정도의 곳에서 전개를 멈추게 하고 병에서 꺼내어 공기중에서(그늘에서) 말리면 색소가 분리된 상태로 고정된다.

이 용매로도 전개할 수 없는 것이 있었다면 또다른 전개용매를 사용하여 본다. 예를 들면 등유(燈油)와 같은 탄화수소 또는 샐러

드유와 같은 식용유를 사용하는 것도 가능하다. 다만 이들의 경우에는 뒤에 용매가 간단히 제거되지 않고 처리가 조금 어렵기 때문에 그다지 권유할 수가 없다.

이 방법은 종이 위에서 하기 때문에 「페이퍼 크로마토그래피」라고 불리고 있는데 색소뿐만 아니고 다른 여러 가지 혼합물의 분리에도 사용된다. 물론 색깔이 없는 경우에는 점을 무언가 다른 방법으로 검출하지 않으면 안된다. 자외선 램프로 조사(照射)하거나 특별한 정색시약(呈色試藥)을 사용한다.

단백질을 분해하면 아미노산의 혼합물이 되는데, 이 혼합물을 페이퍼 크로마토그래피로 분리하는 것은 초보의 생화학실험 등에서 흔히 이용된다. 그러나 아미노산의 대부분은 무색(無色)이기 때문에 이것들과 반응해서 정색(呈色)하거나 형광을 나타내는 시약을 나중에 묻혀 줄 필요가 있다.

이때 사용되는 정색시약으로서는 「닌히드린(Ninhydrin)」이라고 하는 유명한 것이 있고 아미노산과 반응해서 적자색(赤紫色)의 점을 부여한다. 이동비율(Rf값)도 각각의 아미노산에 의해서 결정되어 있기 때문에 색의 농도로부터 성분의 상대농도를 결정할 수도 있다. 단백질이나 펩티드의 성분의 아미노산 각각의 확인과 정량(定量)은 예전에는 전적으로 이 방법에 의해서 하였다.

현재는 더 광범위한 대상이 취급될 수 있고 시료도 약간으로서도 가능하며 조작도 편리한 액체 크로마토그래피(Liguid Chromatography)나 가스 크로마토그래피(Gas Chromatography) 등도 개발되어 많은 연구실에 비치하게 되었으나 무엇보다도 값이 비싸다는 것과, 시료의 전처리나 체크가 초심자에게는 어렵다는 것 때문에 역시 숙련된 사람들이 사용하기에 알맞은 것이다.

고대의 열기구(熱氣球)?

2

?

스킨 에그

일러두기

어느 슈퍼마켓에서나 달걀은 특매(特賣)의 잘 팔리는 상품인 것 같다. 여하튼 물가의 우등생이어서 약 30년 전부터 거의 값이 오르지 않고 있다.

예전 같으면 달걀을 장난 비슷한 실험 등에 사용한다면 주위 사람으로부터「음식물을 낭비하는 것이 아니야!」라고 날벼락이 떨어질 것인데 요즘은 그러한 일은 적어졌다고 생각한다.

가끔 마술사가 기민한 솜씨로 아무것도 없는 곳에서 달걀을 몇 개씩이나 꺼내어 보이거나 반대로 없애거나 하는 일이 있다. 이 때의 비법의 하나로 사용하는 것이「스킨 에그」이다.

준비물

달걀
진한 초(농도가 8%의 것)
조금 큰 컵
빨대, 젓가락
랩

―――― **이러한 방법으로 한다!** ――――

보통의 식초는 주성분이 초산의 수용액으로서 초산의 농도는 4%
에서 4.5% 정도이다. 이것으로도 달걀 껍데기의 탄산칼슘을 녹이
나 시간이 많이 걸리고 양도 여분(余分)으로 필요하게 된다. 따라
서 초산의 농도가 약 2배의「진한 초」를 사용한다.

만일 구할 수가 없으면 빙초산(100%의 초산)을 10배 내지 12
배로 희석하여 사용해도 무방하다. 학교의 실험실 등에서 한다면
이렇게 하는 것이 용이할는지도 모른다.

요즘의「진한 초」는 시판(市販)되는 한 병이 대략 500㎖ 정도이
기 때문에 이것의 4분의 1 정도를 조금 큰 컵(부피 : 200㎖ 정도)
에 넣는다. 여기에 달걀 1개를 넣고 랩으로 뚜껑을 하여 조용히 일
주야(24시간) 방치한다. 랩은 먼지가 들어가지 않도록 하기 위해서

와 강렬한 초의 냄새를 조금이라도 맡지 않아도 되도록 덮어 씌우는 것이다.

이 때의 컵은 달걀이 컵 안에서 천천히 회전할 수 있을 정도의 여유가 있는 것으로 하기 바란다. 「진한 초」에는 달걀은 부상(浮上)하여 버리기 때문에 안에서 회전할 수 없으면 껍데기는 전부 녹지를 않고 달걀의 부피도 커지기 때문에 끄집어낼 수 없게 된다.

일주야 지나면 달걀의 껍데기는 거의 없어지고 껍데기의 내측(內側)의 막(膜)이 가장 외측(外側)이 되어서 크게 부풀게 된다.

이 부풀은 달걀을 끄집어내어 막의 모서리에 대나무꼬치나 젓가락의 끝으로 구멍을 뚫으면 내부의 압력이 커져 있기 때문에 내용물이 분출(噴出)하게 된다. 이 알맹이는 별로 필요없기 때문에 짜내어서 별도의 그릇에 받아두자. 변화한 것은 외측뿐이기 때문에 이 알맹이는 지짐달걀이나 오믈렛으로 쓸 수 있다. 버리지 말고 먹기 바란다.

알맹이를 전부 짜낸 다음에는 구멍으로부터 스포이트로 물을 주입하여 안을 세척한다. 빨대를 이용하여 유수(流水)로 세척하는 편이 좋을는지도 모른다. 찢어지지 않도록 주의해서 세척후 그늘에서 말린다. 이것으로 스킨 에그가 완성된 것이다.

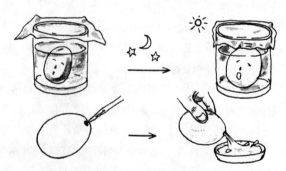

어떤 종류의 마술거리로 할 것인가는 여러분에게 맡기겠다. 마술거리가 될 정도이니까 제법 튼튼하고 가벼워서 이 밖에도 여러 가지 용도가 있다. 예를 들면 안에 수소나 헬륨과 같은 가벼운 기체를 채우면 풍선과 같이 뜰 것이다.

건조하지 않은 상태의 난막(卵膜)은 우수한 반투막(半透膜)이다. 즉 용액에 녹아있는 것(용질)은 통과하기 어려우나 녹이고 있는 것(용매)은 통과하는 성질을 가지고 있는 것이다. 그래서 진한 초에 담가 두면 밖으로부터 수분(水分)이 달걀 속으로 침투하기 때문에 부풀어 오르는 것이다. 달걀의 흰자는 「단백」(蛋白)이라고 하는 이름의 기원(起源)이기도 한데(「蛋」이라 함은 닭의 알을 의미한다) 알부민이 주성분이다. 이와 같은 큰 분자(分子)는 난막을 통과할 수 없으나 물은 자유로이 통과한다.

반투막으로서 사용하는 실험은 조금 어렵기 때문에 여기서는 언급하지 않지만 권말(卷末)에 소개하는 후시미 야스하루(伏見康治), 후시비 미쓰에(伏見滿枝) 부부가 쓴 『달걀의 실험』을 읽어보면 또한 재미있는 것을 할 수 있을 것이라고 생각한다.

미스터리 작가이자 고명(高名)한 마술사이기도 한 아와사카 쓰마오(泡坂妻夫) 씨의 『트릭(trick) 교향곡』〔분슌(文春) 문고〕 중에 소개되어 있는데 에도(江戶)시대의 마술의 비전서(秘傳書)에는 만드는 방법은 약간 틀리나 스킨 에그를 만들어 새벽녘에 아직 해가 떠오르기 전에 논으로 가지고 가서 벼의 잎 사이에 살짝 놓아두면 곧 해가 떠서 기온이 상승함에 따라 둥실둥실 떠오른다는 정말 불가사의한 것이 써 있다고 한다. 도시에서는 조금 무리이겠지만 누군가가 실험해 볼 사람은 없는지. 분명히 수증기가 공기보다도 밀도가 작은 기체이기는 하나 아침해의 열(熱) 정도로서 떠오른다고 하면 조금 믿을 수 없을 것 같이도 생각된다.

더욱이 이 원전(原典)은 「에도」시대보다도 더 오래되고 두부를 처음으로 만들었다고 하는 전한(前漢)시대의 회남왕(淮南王) 유안(劉安)의 저서(著書)인 『회남자(淮南子)』 중에 이미 기재(記載)되어 있다고 한다. 이것이 사실이라면 세계에서 가장 오래된 열기구의 기재라고 말할 수 있을지도 모른다. 아주 물리적인 규모는 적지만……

보통의 달걀은 큰 것으로서 평균 60g 정도일 것이다. 이 중에서 중량으로서 11%가 껍데기이고 주성분은 탄산칼슘이다. 암탉은 문자 그대로 「뼈와 살을 깎아서」 알을 낳고 있기 때문에 사료에 조개껍질 등을 배합해서 칼슘분을 다량 보급하여 주지 않으면 안된다. 옛날에도 닭에게는 조개나 굴의 껍질을 분쇄해서 모이로 주지 않으면 좋은 달걀을 낳지 않는다라고 하는 노인네들의 구전(口傳) 같은 것이 있었다. 요즘의 양계장에는 일 년 동안에 360개 이상도 알을 낳는 백색의 「레그혼」(닭의 한 품종)이 사육되고 있는데 당연한 것이지만 칼슘분을 사료에 첨가해서 정확히 보급하지 않고서는 이렇게 많은 수의 알을 낳을 수 없다.

60g의 약 11%이니까 7g 정도의 탄산칼슘을 전부 수용성의 초산칼슘으로 변화시키는 데는 최소한 약 8.5g의 초산이 필요하게 된다. 따라서 초산의 농도가 4% 정도의 보통의 초로서는 200㎖로는 조금 부족하다. 용해시키는 데에는 더 많은 양을 사용하든가 또는 농도가 높은 「진한 초」가 필요하게 된다(도중에 초를 새것으로 바꾸면 되기는 하나 애써서 만든 난막(卵膜)을 찢을 위험성이 있어 추천할 수 없다).

앞에서 말한 아와사카 쓰마오 씨의 저서에 소개되어 있는 스킨에그를 만드는 방법은, 먼저 달걀에 구멍을 뚫어서 알맹이를 빨아낸 다음 그 안에 식초를 넣어서 하룻밤을 재워서 막의 단백질이 변성(變性)되어 강도가 크게 된 후에 주의해서 껍데기를 부수는 것이다. 이 방법으로는 탄산칼슘을 전부 녹이는 것이 아니기 때문에 식초 정도의 농도로서 알맞은 것이다. 다만 조심성이 없는 사람에게는 맞지가 않고 상당히 손재주 있는 사람이 주의해서 할 필요가 있을 것이다(마술을 하는 사람이라면 당연히 손재주가 남다른 것으로 생각한다).

재미있는 일로서는 앞에서 말한 에도시대의 것과는 별개의 어느 원전(原典)에는 「빙초산을 사용할 것」이라고 적혀 있다고 하는데 이것은 분명한 오역(誤譯)이다. 즉 비법의 책자가 외래품이라는 것을 알 수 있다.

빙초산이라 함은 물을 함유하지 않은 100%의 초산으로서 이것으로는 난막은 못쓰게 되어 버린다. 몇 % 정도, 즉 식초 정도로서 알맞은 것이다.

어떻게 해서 이와 같은 오류가 생겼는가를 추측하여 보면, 요즘의 교과서에서는 그다지 눈에 띄지 않게 된 표현이지만, 농도를 나타내는 데에 「규정농도(規定濃度)」라고 하는 것이 흔히 사용되었기 때문이다. 이 「규정」은 영어로는 「normal」이므로 원래의 「1규정의 빙초산」(즉 약 6%의 빙초산에 해당함)을 「보통의 빙초산」, 또는 「표준의 빙초산」이라고 번역하였을 것이다.

이와 같은 오류는 오늘날에도 우리가 측정기계(測定機械)의 소책자(小冊子) 등에서 가끔 발견하는 것이어서 요즘은 더이상 놀라지 않게 되어 버렸다. 그러나 가끔 「화학용어의 오역은 그다지 실질적인 해(害)가 없으니 괜찮지 않느냐」라고 말하는 식자(識者)도 있기 때문에 역시 명백한 「실질적인 해(害)」가 있다는 것을 활자화(活字化)되게 하여준 것을 매우 감사하게 생각한다.

조금 무서울지도 모른다.

3

?

폭발의 실험

일러두기

옛날에는 화학의 강의의 매력의 하나로서 큰 소리가 나는「매직 쇼」즉「폭발」의 실험이 하나의 부속물이었다. 그러나 이것은 여간 숙달된 선생이 아니면 위험성이 크다는 이유로 제2차 세계 대전 후 일본에서는 경원되어 온 것 같다. 그 때문에 성냥불을 켤 수 없 다든가, 가스버너에 불을 붙일수 없는 여자대학생이 계속 나오고 있는 것이다. 따라서 너무 안전제일만을 강조하면 편협된 인간이 된다는 것을 증명하고 있는 것과 같을 것이다.

어떠한 때가 위험한지를 실감시키기 위해서도 조정된 폭발의 실 험을 하여보자.

이 실험은 조금 위험한 조작을 포함하고 있기 때문에 맨처음일 때에는 이과(理科)의 선생님이 옆에 계시도록 함이 좋은 것이다.

준비물

○ 맥주나 콜라, 사이다 등이 들어 있었던 알루미늄의 빈
  캔(용량은 350ml 또는 500ml의 것). 이것 이외의 크기
  로는 실패하기 쉽기 때문에 피하는 것이 좋다.

○ 종이컵(플라스틱으로 만든 것은 불에 타거나 녹아 버려
  서 안된다)

○ 애터마이저(향수용의 작은 스프레이). 여행용품 매장에
  가면 플라스틱으로 만든 작은 스프레이 용기를 입수할
  수 있다. 분무기라고 하면 창호지를 바르는 용도의 큰
  것이 되어 버리기 때문에……

○ 약용 에틸알코올(없으면 알코올램프용의 연료용 알코올
  도 무방하다. 「오데코롱」이나 「애프터 셰이브 로션」 등
  도 알코올이 주성분이므로 사용할 수 있을 것이다)

○ 성냥

○ 깡통따개

○ 압정

○ 종이 뚫는 송곳

─── **준비를 하자** ───────────────

 텅 비어 있는 향수 뿌리는 스프레이(애터마이저라고 말하는 것 같다)는 경대(鏡台) 서랍 구석에서 자주 굴러다니는 것인데 여행용품 속에 플라스틱제의 값싼 것도 있다. 여기에 소독용 알코올을 소량 (1~2ml)을 넣어둔다(별도로 깨끗이 씻어서 사용할 필요는 없다. 내용물이 조금 남아 있으면 따로 알코올을 넣지 않아도 그대로 사용할 수 있다).

 알루미늄 캔에는 여러 가지 형태의 것이 있는데 요즈음 아주 낯익게 된 부피 350ml의 소위 「미국형」이라고 하는 것은 마시는 주둥이가 있는 위쪽이 턱이 지어졌고 작게 압착되어 있다. 보통의 종이컵이 여기에 딱 들어맞기 때문에 이 실험에는 적합하다. 500ml 의 것도 상관은 없으나 이것보다도 치수가 커지게 되면 종이컵으로 뚜껑을 할 수가 없고 위험도 증가하기 때문에 가급적이면 350ml의 캔이 적당하다고 생각한다. 몇 사람의 이야기를 들어보면 500ml캔 정도가 뚜껑을 할 수 있는 한계인 것 같고 이것보다 큰 것으로는 아무래도 실패하는 예가 많은 것 같다. 역으로 200ml나 250ml캔을 이용하면 종이컵으로는 뚜껑을 할 수가 없다.

─── **이러한 방법으로 한다!** ───────────────

 내용물을 마셔버려 필요없게 된 빈 캔의 뚜껑 부분을 깡통따개

로 깨끗이 도려낸다(이때 서투르게 힘껏 따면 둥근 캔의 주둥이가
뒤틀려서 뒤에 실험이 잘 진행되지 않는다). 압핀으로 밑에서
20mm 정도의 곳에 작은 구멍 하나를 뚫는다. 이것을 송곳이나 볼
펜의 끝으로 지름이 3mm 정도가 되도록 넓힌다(갑자기 송곳으로
뚫으면 아무래도 구멍이 커지기 쉬워 실패의 원인이 된다). 지름이
3mm 정도의 구멍이 아주 알맞은 것이다. 너무 크면 가스가 새기
쉬워 실패한다. 이것으로 준비가 끝났다. 다음은 속을 깨끗이 건조
시켜 두는 것이 좋겠다.

  방금 뚜껑을 도려낸 알루미늄 캔 속에 알코올을 스프레이로 두
번 정도 뿌린다. 종이컵으로 뚜껑을 하여 꽉 밀착하도록 가볍게 누
르고 두서너 번 흔든 다음 책상끝에 놓고 그림과 같이 성냥불을 켜
서 그 불꽃을 먼저 뚫어 놓았던 구멍의 외측에 접근시켜 본다(라이
터는 실패하여 화상을 입기 쉽기 때문에 권장할 수 없다).

  캔 속에서는 알코올의 증기와 공기가 혼합되어 있으므로 성냥불
로 인화되어 폭발이 일어난다. 급격히 압력이 커지기 때문에 밀폐
된 상태면 위험하지만 손으로 누른 정도의 종이컵이면 마치 안전
장치와 같은 작용을 하기 때문에 천정에 부딪칠 정도의 힘으로 상
당히 격렬하게 튀어오른다. 부딪치면 제법 아프기 때문에 사람이
있는 방향으로는 절대로 향해서는 안된다. 나중에 야단맞을 정도로
서는 끝나지 않을지도 모른다.

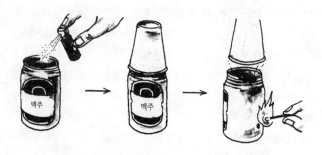

    종이컵을 누르는 방법이 불완전하면 증기가 틈새로부터 밖으로 새어나가 버리기 때문에 주위가 밀착될 정도로서 충분하다. 너무 꼭 끼우면 오히려 위험하고 폭발의 힘으로 종이컵이 터지거나 때로는 알루미늄 캔이 찢어지거나 한다. 즉 이 종이컵의 뚜껑은 안전장치의 역할을 하고 있는 것이다. 또한 옆에 뚫는 구멍이 지나치게 크면 마찬가지로 열팽창한 내부의 알코올증기가 밖으로 밀려 나올 뿐, 폭발은 일어나지 않는다.

    약용(藥用)의 알코올을 구할 수 없는 경우에는 스프레이로 되어 있는「오데코롱」이나 향수로도 상관없다. 그 이유는「오데코롱」이나 향수의 향미성분(香味成分)을 녹이고 있는 것은 거의가 약용의 알코올이기 때문이다. 그러나 이 실험에 사용하기에는「샤넬 N0.5」나「타부」로서는 아깝기 때문에 값이 싼 남성용 화장품인「오데코롱」정도로 하는 것이 무난할 것이다. 다만 온도가 상승하면 향료의 냄새도 매우 강하게 느껴지기 때문에「펑」하고 폭발이 일어난 후에는 창문을 열고 방의 공기를 환기하지 않으면 아무리 고급의 향수냄새일지라도 단순한 악취로밖에는 느껴지지 않게 된다.

    스프레이가 없을 때에는 알코올을 직접 적하하여도 괜찮겠지만 여하튼 지나치게 여분으로 들어가기 때문에 뒤에 불꽃을 내면서 연소(燃燒)하여 깡통이 뜨겁게 되어 상당히 위험하다. 학교의 실험실에서 선생님이 옆에 계실 때 이외에는 알코올을 스포이트나 피펫으로 가하는 것을 중지하기 바란다.

여기서는 깡통의 크기가 중요한 것으로 18ℓ 들이 석유깡통(한말들이 통) 등은 매우 위험하다. 대체로 안전장치로 알맞을 정도의 가벼운 밀폐가 어려워서 무리일 것이다. 옛날에 실제로 석유깡통을 사용해서 폭발실험을 한 선생님의 경험담에 의하면 「대폭발과 함께 사각(四角)의 깡통이 둥글게 되었던」 것 같고 파열하면 대참사(大慘事)는 우선 피할 수가 없다.

───── 조금 어려운 이야기 ─────

지금 말하는 알코올의 폭발은 어떤 경우에나 일어나는 것은 아니다. 실온 부근에서의 공기중에 에틸알코올의 증기가 포화(飽和)상태로 된 것이 정확히 폭발이 일어나기 쉬운 조건에 합치하고 있기 때문이다.

흔히 「가솔린 탱크는 가득차 있을 때보다도 비었을 때가 폭발하기 쉽다」고 말하는 것도 이것과 마찬가지여서 가솔린의 증기와 공기가 혼합되어 정확히 폭발이 일어나는 조건이 되어 있을 때가 문자 그대로 「일촉즉발(一觸卽發)」이 되는 것이다. 공기가 혼합되어 있지 않으면 연료만 있어도 연소될 수가 없고 폭발조건이 되어 있지 않으면 연소할 뿐이다. 더구나 불꽃이 오르면서 연소하는 것은 그 상응(相應)의 위험성이 있다.

자동차 등의 가솔린·엔진의 경우에는 실린더(cylinder)가 가장 압축되었을 때에 연료와 공기와의 혼합비가 정확히 폭발하기 쉬운 조건이 되도록 정교한 설계와 조절이 이루어지고 있는 것이다. 따라서 같은 석유계(石油系)의 연료라고 해서 가솔린 대신에 등유나 경유를 넣으면 엔진은 움직이지 않게 되어버린다. 브라질은 무진장 으로 생산되는 사탕수수를 걸러낸 찌꺼기로 발효법에 의해서 에탄 올을 만들고 이것을 가솔린과 혼합해서 「가스홀」(gasoline의 gas 와 alcohol의 hol과의 합성어)이라고 하는 연료로서 자동차용의 에너지원(源)으로 하고 있으나 엔진의 설계 등에는 상당한 노심초 사가 있었던 것 같다.

가령 가연성의 물질이라도 불을 붙이면 언제나 연소한다고는 할 수 없다. 폭발성의 물질이라도 언제나 폭발하는 것은 아니다. 그렇 지 않고서는 꽃불을 만드는 공업이나 자동차 산업이 성립하지 않 게 되어 버린다.

───── 강의(講義)실험과 폭발 ─────────────

요즈음 국민학교의 교실 등에서 열원(熱源)으로 사용하는 알코 올램프가 폭발하였다고 하는 신문기사가 흔히 있다. 보통의 알코올 램프는 다음의 그림과 같은 것으로서 사용이 끝나면 바로 뚜껑을 닫아 불을 꺼서 두도록 하라고 예전에는 시끄러울 정도로 가르쳤 던 것이다[최근에 와서 이와 같은 사고의 보도예(報道例)가 증가하 게 된 것은 어쩌면 현재의 교원양성 단계에서는 이러한 종류의 매 너(manner)의 실지교수가 시간부족으로 빠트리고 있는 것 때문이 아닌가 라고 말하는 고참선생들의 숫자도 적지는 않다.〕

알코올은 기화하기 쉽기 때문에 불을 꺼도 뚜껑을 벗긴채로 두 면 자꾸만 기화해서 내용물이 줄고 상부의 공간에 알코올증기가 가득차게 된다. 여기에 공기가 혼입되면 앞에서 말한 알루미늄 캔 과 마찬가지의 조건이 되는데, 종이컵과는 틀려서 뚜껑이 무겁고

안에는 액체의 알코올이 아직도 남아 있기 때문에 무심결에 불을
붙이면 큰 화염(火炎)이 올라와서「왁!」하고 놀라게 된다.

　알코올램프의 유리는 두껍고 상당한「비틀림(strain)」이 걸려
있어서 깨지기 쉽고 파편에 다칠 수도 있을 것이다. 안전을 위해서
는 액(液) 위의 공간을 가급적 작게 하고(즉 교실에 가지고 가기
전에 알코올을 가득히 채우고)사용 후에는 바로 뚜껑을 닫음으로
써 휘발하지 않도록 하는 것이 실험을 위한 에티켓인 것이다.

　몇 십 년 전에는 화학실험의 매력으로서 강의를 할 때에 폭발을
동반하는 실험이 따라다니는 것이었다.「라부아지에」의 선생이었던
「르에르」또는 스펙트럼 분석의 창시자인「분젠」등은 이 폭발의
시범(示範)실험이 정말 능숙하였다고 하는 기록이 남아 있다. 르에
르의 공개강의는 마지막에 화려한 폭발의 실험이 있다고 하여 파
리의 호기심이 많은 귀부인들이 얘기거리로 하려고 항상 밀어닥쳤
다라든가……

　셜록 홈즈의 연작(連作)도 완성시킨 코난 도일(Conan Doyle)은
에든버러 대학의 학생시절에 분젠의 고제(高第)이었던 그람 브라
운 교수로부터 화학을 배웠는데 이 그람 브라운 교수는 분젠 대
(大)선생과는 크게 달라서 거꾸로 폭발시험에서 늘 실패만 거듭하
여 유명하였다고 한다.

더욱이 「폭발」의 실험이다보면 상당히 숙련된 화학자에게는 아무것도 아닌 것도 경험부족의 사람이면 실수하여 큰 사고가 되기 쉽고 그 때문에 최근의 교과서에서는 자취를 감추어 버렸다. 「선생님들의 수험지도의 능력과 강의실험의 솜씨와는 반비례하는 것은 아닌가」라고 비꼬는 명예교수도 있다.

이 실험은 오사카(大阪) 대학 명예교수인 가토쥰지(加藤俊二) 선생으로부터 배운 것을 내 나름대로 정리한 것이다. 가토 선생의 「원래의 방법」은 권말에도 소개되고 있는 『신판 : 화학을 즐겁게 하는 5분간』(화학동인) 중에 상세히 적혀 있으므로 그것과 병행해서 읽어보면 여러분은 각자 재미있는 아이디어가 떠오를지도 모른다.

이미 말한 바와 같이 콜라나 쥬스용의 가느다란 캔(200~250ml)은 보통의 종이컵으로는 뚜껑을 할 수가 없다. 이 때에는 약포장지로 뚜껑을 하고 고리고무줄로 묶는다(이것이 가토 선생이 생각해 낸 원래의 방법이다).

크리스티의 미스터리

4

?

소멸되는 잉크

―――― 일러두기 ――――

아가사 크리스티의 미스터리 등에도 등장하는 「소멸되는 잉크」
는 현재 문구점에서 팔고 있는 것과 같은 화려한 색채의 것은 아니
기 때문에 간단히 만들어 볼 수가 있다.

―――― 준비물 ――――

○ 옥수수전분(없으면 「얼레짓가루」나 「밀가루풀」도 괜찮
  다)
○ 묽은 요오드팅크
○ 작은 접시(생선회나 초밥 등에 사용하는 간장접시가 얕
  아서 편리하다)
○ 붓, 없으면 면봉(綿棒)도 상관없다.

──── 이러한 방법으로 한다 ! ────────

　물을 끓이고 먼저 작은 접시를 따뜻하게 데워서 두자. 전분(澱粉)은 냉수에는 잘 녹지 않고 가루가 되어 침전(沈澱)하기 때문에 이와 같은 명칭으로 된 것이서 냉수에 갑자기 주입해도 녹지 않는다.

　따뜻하게 데워 둔 작은 접시에 뜨거운 물을 우선 반스푼 정도 담고 소량(두 손끝으로 집을만한 양)의 옥수수전분을 넣어서 잘 반죽한다. 가루가 뜨거운 물에 으깨져 풀어지면 다시 뜨거운 물의 양을 늘려서 아주 엷은 갈탕(葛湯)과 같은 것을 만든다.

　여기서 작은 접시를 따뜻하게 데워 두는 것은 처음 할 때에는 끓인 물의 양이 적으면 바로 식어버려서 실패하기 쉽기 때문이다. 손에 익숙해지면 이런 필요는 없을지도 모른다. 생선초밥 등에 따라 나오는 플라스틱의 간장접시라면 그다지 뜨거운 물이 식지는 않으나 이것은 열에 약하기 때문에 추천할 수는 없다.

　창호지를 바를 때 사용하는 밀가루풀도 상당히 엷은 것인데 지금은 별도로 물건을 붙이는 것이 아니기 때문에 더 엷은 편이 좋다.

　자, 엷은 전분용액을 만들었으면 묽은 요오드팅크 한 방울을 이것에 혼합하여 본다. 요오드팅크는 갈색인데 이 전분의 수용액에 가하면 즉각 청흑(靑黑)색으로 변한다. 요오드의 농도가 아주 엷으면 청색이나 어쨌든 진한 색이므로 검게 보이는 것이다.

이것을 붓이나 면봉에 묻혀서 백지 위에 글자나 그림을 그려보자. 「아리랑」이나 「서울」 또는 「호돌이」나 「안경」도 좋을 것이다. 수용액이기 때문에 건조가 그다지 빠르지 않으므로 다 그리고 나면 잠시 그대로 두어서 건조될 때까지 기다려 주기 바란다. 말릴 때에는 선풍기 등으로 바람을 보내도 상관 없으나 헤어드라이어로 열풍을 보내는 것은 삼가하는 것이 좋다.

묵화(墨畵) 같은 것을 그릴 수 있다면 벽에 거는 것도 재미있을지 모른다(가능하면 동일한 것을 두 장의 종이에 그려서 한 장은 랩 사이에 삽입하여 공기와 접촉하지 않도록 잘 눌러 두든가, 밀봉할 수 있는 비닐봉지 속에 보존하여 두면 비교가 된다).

며칠이 지나면 글자나 그림이 흔적도 없이 소멸될 것이다. 여름과 겨울은 기온의 차이가 있기 때문에 소멸되는 것도 차이가 있겠으나 빠르면 3일 정도에 보이지 않게 된다. 거기까지 가지 않아도 이것과 랩 사이에 삽입하거나 밀봉이 가능한 투명비닐봉지에 밀봉해서 둔 것과를 비교해 보면 그 차이를 잘 알 수 있다.

이 그린 것이 소멸되는 것은 요오드가 공기중으로 날라가 버리기 때문이어서 요오드가 도망가기 어렵도록 랩이나 필름으로 눌러 버린다든가, 씰을 하여버리면 소멸되는 것이 늦어지고 온도가 높은 곳에서는 당연히 날라가기 쉽게 되므로 소멸되는 것도 빠르게 된다.

소멸되어 버린 문자(文字)를 재현(再現)하고 싶어지면 폴리백(polybag)에 염소계의 표백제를 티스푼 한 숟가락, 식초도 똑같이 티스푼 한 숟가락 정도를 넣어서 염소(鹽素)를 발생시켜 두고 지금 백지로 되돌아온 것을 이 봉지 안에 재빨리 넣고 밀봉하여 보면 좋을 것이다.

—— 조금 어려운 이야기 ——

이 「소멸되는 잉크」는 요오드 분자(정확히 말하면 요오드 분자와 요오드화물(物) 이온이 결합해서 된 3요오드 이온 I_3^-)가 전분의 분자 속에 있는 아밀로오스(amylose)의 긴 사슬의 나선 속에 갇히어질 때에 정색(呈色)하는 것을 이용한 것이다. 화학에서는 「요오드·전분 반응」이라고 하는데 요오드를 환원하여 요오드화물 이온의 형태로 하면 소멸되어 버린다.

요오드팅크는 원래 요오드화칼륨과 요오드를 알코올에 용해시킨 것이기 때문에 요오드만이 휘발하여 없어져 버려도 요오드화칼륨 중의 요오드화 이온은 원래대로 남아있다. 이것을 적당한 방법으로 산화시켜서 요오드의 형태로 변화시켜 주면 또 원래의 색을 부활시킬 수가 있다. 다만 요오드 분자는 감소되어 있기 때문에 원래의 것 만큼의 농도로는 도저히 되지 않는다. 조금 전에 이야기한 염소 가스에 의해서 소멸된 문자나 그림을 부활시키는 것은 이 요오드화물의 염소에 의한 산화반응을 이용한 것이다.

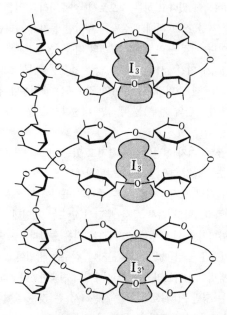

요오드·전분 반응의 색의 원천

이와 같은 소멸하거나 정색(呈色)하거나 하는 잉크는 옛날부터 「은현(隱顯)잉크」 또는 「은묵(隱墨)」이라고 불려서 외교문서나 군사목적 및 기타의 비밀을 요하는 경우 등에 사용되어 왔다. 이 방면의 유명한 연구가인 나가다(長田順行) 씨가 완성한 『암호(暗號)』(현대교양문고 No. 1134, 사회사상사)라고 하는 책에는 동서고금의 문헌으로부터의 여러 가지 재미있는 얘가 소개되어 있다.

뜻밖인 것은 오이시 구라노스케(大石內藏助)도 공부하였다고 하는 야마가류(山鹿流)의 병학서(兵學書)에까지 이 「은묵」의 비전(祕傳)이 기록되어 있다고 하는 것으로서 「아주까리의 기름으로 검은 종이에 글씨를 쓰고 뒤에 백설탕을 뿌리면 문자가 나타난다」라고 하는 것이다. 이것은 아주까리 열매의 기름 즉 관장제로 사용하는 「피마자유」가 여간해서 건조하지 않는 소위 「불건성유」(不乾性油)인 것을 이용한 것이다. 흰 종이의 경우에는 숯가루나 검댕(요즈음 같으면 활성탄의 가루)을 뿌리면 마찬가지로 문자가 나타나게 된다.

요즈음의 작은 여자 어린이들이 즐기고 있는 「모래그림」(砂繪)은 도라에모노초[주 6](捕物帳) 등에 나오는 착색한 모래로 땅에 그림을 그리는 것이 아니고 접착제를 바른 종이의 표면에 다채롭게 착색한 모래나 플라스틱의 가루 등을 뿌려서 만드는 것인데 그 원류(源流)가 「야마가류」의 병법(兵法)이라는 것은 놀랍다.

그러나 이것은 물리(物理)적인 문자의 감추는 방법이고 화학적인 감추는 방법이 되다보면 국민학교 때부터 친숙한 「아부리다시[주 7](炙出)」 또는 명반수(明礬水) 등을 사용해서 쓴 것을 물에 넣어서 글씨가 떠오르게 하는 방법이 수백 년 전부터 내려오는 고전적인 것이었다. 현재는 더 여러 가지의 것이 사용되고 있는 것 같으나 의외인 것은 「보드카에 설탕을 포화시킨 용액」으로 쓴다는 방법이 동구권(東歐圈) 등에서 제법 사용되고 있는 것 같다. 이것은 원료의 입수가 용이해서 누구로부터도 의심을 받지 않는다는(그러나 알코올음료나 설탕 등이 배급제가 되거나 통제판매가 이루어지거나 하고 있는 소련이나 폴란드 등에서는 실제 어떤지는 모르나) 것과 가령 쓰다가 남는다 하여도 꿀꺽 마셔 버리면 증거가 전혀 남지 않기 때문인 것 같다. 그러나 이 경우, 검출(檢出)에는 자외선 램프

로 조사(照射)하여 형광을 발하는 문자를 읽게 되는 것이다. 진짜
의 정보부원은 제임스 본드와는 달리 예상외로 흔해빠진 방법을
활용하고 있다고 하는 것인지도 모른다.

아스피린의 알코올용액도 마찬가지로 자외선에 의해서 상당히
강한 형광을 발색(發色)하기 때문에 은현잉크로서 사용될 수 있을
것이다. 만일 어디선가 자외선 램프가 사용될 수 있다면 시도해 보
는 것도 재미있을 것이다. 그러나 보통의 가정에는 자외선 램프는
없을 것으로 생각되기 때문에 세미프로(반직업적)용의 실험이 될
것이다. 학교의 연구실 등에서 만일 자외선 램프 등의 설비가 있는
곳이면 가능하다. 자외선 램프는 눈에는 해롭기 때문에 직시(直視)
하지 않도록 주의하기 바란다.

그림을 그리는 데 사용하고 남은 것이 있을 때에는 별도의 실험
(다음의 실험 5)에 사용하라. 용무가 끝났다고 해서 바로 버리지
말기를 바란다(부엌의 씽크대에 버려도 별로 해롭지 않기 때문에
꾸지람을 들을 일은 없겠지만).

색이 흰것은 칠난[*3] (일곱가지 재앙)을 감춘다?

5 ?

산화와 환원 - 표백

일러두기

세탁용의 표백제는 산화·환원작용을 이용한 것이 대부분이다. 사용하는 방법에 따라서는 위험한 것도 있으나 몇 가지 재미있을 만한 예를 소개한다.

준비물

○ 묽은 요오드팅크

○ 하이포(티오황산나트륨)의 결정

○ 염소계의 표백제, 액상의 것이 편하나 고체도 상관없다.

○ 산소계의 표백제(칼라블리치)

○ 유황계의 표백제

○ 사인펜

○ 면봉 또는 붓

―――― **이러한 방법으로 한다 !** ――――

액상의 염소계의 표백제를 몇 방울 접시에 따르자. 이대로라도 좋으나 같은 양의 물을 가해서 희석해 두는 것이 뒤에 편할 것 같다.

몇 가지 색의 수성사인펜으로 흰종이에 글씨나 그림을 그려둔다. 가급적 굵게 그려 두는 편이 박력이 있다. 너무 건조되기 전에 앞에서 준비한 표백제를 면봉이나 붓끝에 묻혀서 이 위에 비스듬이 띠를 두르듯이 그려 본다.

표백제가 묻은 곳은 색이 엷게 되고 물건에 따라서는 완전히 소멸되는 것도 있겠으나 여간해서 소멸되지 않는 것, 또 변색하여 찌꺼기 같은 것이 남는 것도 있을 것이다.

표백제

이액성(二液性)의 잉크지우개의 한쪽은 표백분의 포화용액인데 붉은 잉크의 색소(에오신〈eosine〉이라고 한다) 등은 차아염소산염 등의 강력한 산화제에 의하여 파괴되어 무색의 것으로 변하기 때문에 탈색이 가능한 것이다. 색소 중에는 여간해서 분해되지 않는 것도 있으나 화학실험에서 낯익은 메틸오렌지 등의 색소는 에오신 보다도 훨씬 분해되기 쉽기 때문에 흰 손수건이 이러한 것으로 오염된 경우면 염소계 표백제를 넣은 빨래통에 담가 두면 원래대로 하얗게 될 것이다. 붉은 잉크의 오염은 조금 더 시간이 걸린다. 이것은 화학구조가 다르기 때문이고 벤젠고리(거북이 등모양)가 많이 붙은 구조의 에오신 쪽이 분해되기 어려운 것이다.

산소계의 표백제나 유황계의 표백제는 양쪽 모두 고체이기 때문에 소량의 물에 녹여서 실험하면 비교가 될 것이다.

유황계의 표백제라고 불리고 있는 것은 유황 그 자체가 들어있는 것이 아니고 하이드로술파이트〔hydro-sulfite : 정확히는 아(亞) 2티온산나트륨〕가 함유되어 있는 것이다. 염소계의 표백제(차아염소산염)나 산소계의 표백제(과탄산염) 등은 색소나 더럽혀짐을 산화해서 분해하여 물에 녹도록 하는 것이나 하이드로설파이트는 반대로 환원되면 수용성이 되는 성질의 색소를 섬유로부터 제거하는데 효력이 있다.

요즈음은 누덕누덕 기웠거나 얼룩진 블루진(blue jean)이 모양새가 좋다고 하는데 블루진도 원래 범포(帆布)를 잘라서 남빛물을 들인 것을 재단해서 만든 것이기 때문에 탈색을 하는 데에는 이 하이드로설파이트가 편리할 것이다. 원래 남(藍)으로 천(布地)을 물들이는 데에는 물에 불용성의 「인디고」를 알칼리성으로 환원하여 수용성으로 하고 이 속에 천을 담가서 공기로 산화, 고착(固着)한다고 하는 공정을 채택하여 왔다(그래서 날씨에 좌우되는 옛날 같으면 「물감 들이는 가게의 모레〔明後日〕」가 되기 쉬웠던 것이다).

이 알칼리성 수용액으로서 하는 환원제로서 현재 가장 널리 사용되고 있는 것은 이 하이드로술파이트인 것이다. 필요없게 된 블루진의 조각이 있으면 세쪽으로 잘라서 지금의 세 가지 표백제를 각각 시험해 보는 것도 재미있을 것이다.

염소계의 표백제는 옛날부터 낯익은 것이다. 예전에는 소석회와 염소와를 반응시켜 만든 「표백분」, 즉 클로르칼크가 주된 것이었다. 이 때문에 흔히 「칼크의 냄새」 등이라고 하는 표현이 신문 등에 나타나곤 하였다. 실은 「칼크」는 석회를 말하는 것으로서 냄새의 원천은 「염소」인 것이다. 주성분은 「차아염소산칼슘」이다.

그러나 현재 흔히 사용되고 있는 염소계 표백제는 액상의 것이 많아지고 있는데 이것은 더 수용성이 큰 「차아염소산나트륨」을 사용하고 있는 것이다. 염소는 물에도 녹는데 수산화나트륨이나 수산화칼륨 등의 알칼리가 있으면 더욱 잘 용해하여 표백작용이 강한 차아염소산염이 되는 것이다.

새 수도물 등은 상당히 강한 염소의 냄새가 나는 일이 있다. 공기를 불어넣으면 염소는 거품 속의 공기와 함께 제거되는데 이대로 어항에 넣으면 금붕어는 도망갈 곳이 없기 때문에 살 수 없다.

염소가 물에 녹는 반응은 알칼리성에서는 녹는 방향으로 진행되나 산성에서는 거꾸로 차아염소산염과 염화물 이온이 반응하여 단체(單體)의 염소가 생기는 역(逆)의 방향으로 반응이 진행한다.

예전의 신문에 염산과 표백제의 두 가지를 사용하여 화장실을 청소하고 있던 주부가 염소 중독에 걸려 사망하였다고 하는 기사가 있었던 것으로 안다. 이것이 바로 「화학을 경시(輕視)한 대가(代價)」를 자기의 생명으로 지불한 것이 될 것이다.

일부러 독가스를 스스로 만들어 버렸기 때문에.

───── **조금 수준을 높여보자!** ─────

열대어가게나 금붕어가게에서 수도물의 염소분을 제거하기 위한 약으로서「하이포」의 결정을 팔고 있는데 만일 이것을 가지고 있다면 별도의 컵에 한 알만 녹인다. 이 하이포의 용액을 속을 잘 세척한 플라스틱의 간장병(흔히 생선초밥 등에 따라나오는 붕어모양의 것)에 빨아올려서 뚜껑을 닫아 둔다. 수용액을 넣는 것이기 때문에 속까지 말리지 않아도 괜찮을 것이다.

먼저「소멸되는 잉크」의 실험에서 사용한 전분수용액에 요오드 팅크를 가하여 만든 청흑색의 용액을 투명한 컵에 티스푼 한 숟가락 정도 넣어서 물로 100cc 정도로 희석한다. 여기에 앞에서 말한 간장병에 넣은 하이포의 수용액을 우선 한 방울만 떨어뜨려 본다. 떨어진 곳만 색이 엷어지는 것을 알 수 있다.

하이포의 결정 1개에 물을 가하여 녹인다.   세척한 간장병으로 빨아 올린다.

이것은 요오드가 전자(電子)를 티오황산 이온으로부터 얻어서 요오드화물 이온의 형태로 되었기 때문인데 유리막대기나 젓가락 등으로 교반하면 처음에는 색은 원래대로 되돌아가 버린다. 적하(滴下)를 계속해서 하면 드디어 전부의 색이 소멸되어 버리는 곳이 있는데 여기서도 전분용액 속에 있던 요오드가 전부 요오드화물

이온으로 변화한 것이 된다. 이 점을 「종점(end point)」이라고 말한다.

지금은 아주 적당히 만든 용액끼리의 반응을 해 본 것인데 이때에 한쪽의 용액의 농도와 종점까지에 사용한 부피를 알고 있으면 상대방의 물질의 양 또는 농도를 구할 수 있는 것이다.

이 조작을 「적정(滴定, titration)」이라고 하는데 학교의 실험실에 있는 뷰렛과 피펫, 거기에다 농도가 정확한 용액(「표준용액」이라고 불리고 있다)을 사용하면 숙달되었을 때 오차 0.1%이내로 정밀하게 결과를 알 수도 있다. 그러나 이를 위해서는 여러 가지로 세밀한 주의가 필요하고 깜빡 부주의를 하면 즉각 오차가 10% 이상이라고 하는 비극적인 결과가 되는 것도 이상할 것이 없다.

반딧불·창밖의 눈

6

형광색소

일러두기

졸업식에서 잘 알려진 「반딧불·창 밖의 눈」[주8]은 어느편이나 한대(漢代)의 고사(故事)에 바탕을 둔 것인데 현대풍(風)으로 보면 「반딧불」은 화학발광(發光), 눈빛은 산란광(散亂光)이다.

「형광색소」라고는 하나 그렇다고 해서 개똥벌레로부터 추출하고 있는 것은 아니다. 목욕용 세제에 첨가되고 있는 플루오레세인(fluorescein)이라든가 붉은 잉크에 사용되고 있는 에오신 등이 이 「형광색소」또는「형광염료」인 것이다.

실내의 인공조명 아래에서는 그다지 뚜렷하지 않으나 옥외에서 태양빛이 닿는 곳에서는 붉은 잉크에 요염한 청색의 광택이 겹쳐서 보이는 것을 인지한 사람도 있을 것이다.

이것은 색소의 분자가 자외선을 흡수하여 얻은 에너지를 더 에너지가 낮은(즉 파장이 긴) 전자파(電磁波)로서 방출하기 때문이다. 이 현상을 「형인광(螢燐光)」이라고 한다. 「형광」쪽은 조사(照射)하는 에너지의 높은 전자파를 차단하면 바로 멈추나, 「인광」쪽은 더 오랜 시간 빛나고 있다.

긴 것으로는 몇 시간 동안이나 약해지면서 빛나고 있는 것이 있다. 이것은 발광의 「메커니즘」이 크게 다르기 때문이다.

준비물

○ 조금 큰 종이상자

○ 투명한 유리병 또는 컵

○ 거울

○ 목욕용 세제(bath clean 등)

○ 세제

이러한 방법으로 한다!

종이상자는 폐기물을 이용해도 괜찮으나 조금 큰 것을 한 개 준비한다. 다음의 그림과 같이 작은 구멍을 뚫어서 위로부터 빛이 가느다란 다발(束)이 되어서 들어가도록 한다. 가급적 개구부(開口部)가 작게 되도록, 즉 속이 어둡게 되도록 하고 싶으나 물이 담긴 컵의 출입이 가능하도록 만들기 바란다〔옛날 같으면 일부러 이러한 상자를 만들지 않아도 덧문(나무널판으로 된것)의 옹이구멍으로부터 들어오는 빛을 이용해도 되었으나 지금은 옹이구멍이 있는 덧문을 찾는 것이 보통일이 아닐 것이다〕.

컵을 몇 개 준비하여 물을 칠푼(七分) 정도 넣고 붉은 잉크나 목욕용 세제를 녹인 것을 만든다. 붉은 잉크는 컵 한 잔에 몇 방울 정도로도 가능하나 부족하면 농도를 증가시켜 보기 바란다. 목욕용 세제는 브랜드에 따라 플루오레세인의 첨가량이 상당히 다르기 때문에 최초에는 조금 엷게 하고 뒤에 양을 늘려보면 좋을 것이다.

베란다나 앞마당 등의 옥외에서 위로부터의 태양빛이 상자의 구멍으로부터 속으로 가느다란 광속(光束)이 되어 들어가도록 상자를 설치한다. 이 빛의 줄기가 컵의 수면(水面)으로부터 수용액쪽으로 진행하도록 위치를 조정하기 바란다. 필요하다면 거울을 이용하여 반사시키는 것도 좋을 것이다.

상자를 만드는 것이 귀찮다고 생각되는 사람은 조금 큰 유리용기에 앞에서 말한 형광을 발하는 색소의 용액을 넣고 스스로 한바퀴 돌면서 색조를 관찰해 보면 좋을 것이다. 태양의 광원(光源)으로부터의 빛의 흡수는 이론적으로는 당연히 하나의 방향에 한해서 관측될 것이나 형광은 전입체각(全立體角)(4π)방향으로 발산하기 때문에 투과광(透過光)과 직각의 방향으로부터 보면 이상적(理想的)으로는 형광만이 관측될 것이다. 실제로는 용액중에 현탁(懸濁)

되어 있는 미립자(먼지) 등 때문에 산란(散亂)이 일어나서 형광만을 관측할 수는 없으나 「에오신」이나 「플루오레세인」과 같은 강한 형광을 발하는 것이라면 이것으로 알 수 있다.

붉은 잉크나 목욕용 세제는 실내에서 보통으로 보는 색조에도 형광이 얼마간 겹쳐져 있으나 태양광의 자외선의 영향이 커지면 형광이 강하게 되어 상당히 상이한 색조로 보일 것이다. 유리를 통한 빛으로는 자외선의 대부분은 차단되기 때문에 형광도 그다지 선명하게는 보이지 않는다. 따라서 구멍 위에 보통의 유리(중간품질의 유리)를 놓고 자외선을 감소시키면 형광도 약하게 될 것이다. 즉 중간품질의 유리는 자외선의 필터(filter)의 작용을 하는 것이다. 카메라에 사용하는 「스카이라이트」의 필터도 마찬가지로 자외선을 차단하는 작용을 가지고 있다.

플라스틱제품도 「폴리에틸렌」이나 「폴리프로필렌」, 「염화비닐」이나 「사란」(염화비닐리덴) 등은 자외선을 통과시키나 「폴리스티렌」이나 「폴리에스테르」 등 분자 속에 다수의 벤젠고리(benzene ring)를 함유하고 있는 것은 자외선을 흡수하고 있다. 앞에서 말한 태양광선도 무엇을 통과하느냐에 따라서 「스펙트럼」은 상당히 변화되는 것이다.

성층권(成層圈)의 오존농도의 현상(現象)이 최근에 와서 문제화되었다.

오존은 가시부(可視部)에는 흡수를 갖지 않으나 자외부(紫外部)에는 상당히 큰 흡수를 나타내기 때문에 지표(地表) 부근의 자외선의 양은 대기권 밖과 비교하면 현저하게 감소되고 있는 것이다. 만일 자동차의 배기나 프레온가스 등 때문에 이 오존이 소비되면 지표에서의 자외선의 강도가 커져서 생물이나 인체에 나쁜 영향이 나타날 것이라는 것이 이 문제의 원천인 것이다.

사인펜(수성의 펠트펜) 중에는 「형광펜」이라고 불리는 것이 있다. 이것으로 쓴 것은 실내에서도 형광이 보이나 앞에서 말한 어두운 상자 속에 넣어서 태양광선을 비추어보면 더 선명하게 빛나는 것이 보일 것이다. 최초의 실험 1에서 한 것과 같이 페이퍼크로마토그래피로 전개한 것을 사용해서 점마다 형광을 확인해 보면 동일한 메이커의 것이라면 어느 색의 형광펜으로도 강한 형광을 발하는 색소(형광색소)는 공통이고 기타의 색소가 다를 뿐이라는 것을 알 수 있을 것이다.

우리의 주변에 있는 것에는 그 외에도 형광을 발하는 것이 적지 않으나 의외로 알아차리지 못한 채로 있다. 세제에는 청색의 형광을 발하는 염료가 첨가되어 있는데 섬유의 누르스름한 것(이것은 스펙트럼의 보라색으로부터 청색의 부분으로 흡수가 커진 것을 나타냄)을 없애는 작용을 하고 있다.

이 형광표백제가 너무나도 잘 알려져 있기 때문인지 형광을 발한다는 것이 무언가 자연이 아닌 것이 첨가되어 있다고 생각하고 있는 사람이 결코 적지 않으나 실은 천연(天然)에도 형광성 물질은 매우 많이 존재한다.

요즘의 생화학이나 분자생물학에서 흔히 사용되고 있는 형광색소의 하나로서 「엄벨리페론」이라고 하는 화합물이 있는데 이것은 원래 미나리과(科)의 식물(Umbelliferae)로부터 채취되었기 때문에 이와 같은 명칭이 붙어 있는 것이다. 「엄벨리페론」은 원래 리트머스나 메틸오렌지와 마찬가지로 산염기지시약(酸鹽基指示藥)으로서 사용된 것으로서 pH가 7.4 이상의 알칼리성의 용액중에서는 강한 형광을 나타내기 때문에 자외선 램프를 비춰서 수소 이온 농도의 변화에 의한 형광의 소실(消失)이나 출현(出現)을 관측하면 pH의 변화를 알 수 있다. 이와 같은 형광지시약은 원래 진하게 착색된 시료를 분석하거나 할 때에 예전에는 필수불가결한 것이었다.

형광을 발생시키기 위해서는 먼저 분자나 이온이 여분의 에너지를 받은 상태가 아니면 안된다. 이러한 상태를 「여기상태(勵起狀態)」라고 한다. 분자나 이온을 여기상태로 하는 데에는 자외선 이외에 전자선(電子線)이나 X선도 이용된다. 그러나 이것은 어느 것이든 똑같이 되는 것은 아니다. 물건에 따라서는 상당히 까다로운 가림(선택)을 한다. 그래서 자외선에는 형광이 나오지 않아도 X선에서는 뚜렷한 형광을 나타내는 것 등이 있기 때문에 각각 분별해서 사용하고 있다.

유기화합물 이외에도 형광을 발생하는 것은 적지 않다. 텔레비전의 브라운관도 전자선에 부딪쳤을 때에 가시광선을 형광으로서 발생하는 것을 이용한 것이고 형광등도 수은증기로부터 발생하는 자외선에 의해서 관의 안쪽에 바른 형광체에서 나오는 빛을 조명으로 사용하고 있는 것이다. 흑백의 브라운관은 오로지 황화아연을 주로 하는 형광체로서 그 외에도 색조를 조정하기 위해서 여러 가지의 것이 첨가되고 있다.

집단검진 등에서 흔히 흉부의 X선 간접촬영을 하고 있으나 X선은 렌즈로 죄거나 할 수 없을 터인데도 어떻게 그와 같이 작은 상(像)을 찍을 수 있을까 하는 의문을 갖는 사람도 적지 않은 것 같다. 이것도 형광판에 반사된 상을 광학적으로 카메라로 촬영하기 때문이다(그래서 「간접촬영」이라고 하는 것이다).

여러 가지의 형광체를 널리 탐색한 것은 발명왕이라고 불리는 에디슨이었다. 그는 X선에 의한 형광조명을 실용화하려고 생각하여 당시 입수가능한 수천 종류의 시료를 모아서 시험하였는데 그 중에서 수백 종류가 각각 특징있는 색의 형광을 나타내는 것을 발견하였다.

오늘날 사용되고 있는 형광체 중에도 그가 발견해서 실용화한 것이 적지 않다. 그러나 그와 함께 실험하고 있던 조수가 X선에 의해서 중증의 방사선 장해(障害)가 되어 결국 단념하지 않을 수 없게 되었다는 것이다.

영구운동?

7

Perpetuum mobile

일러두기

이 세상에는 아무것도 에너지를 소비하지 않고 언제까지나 운동을 반복하는 기계를 만들려고 하는 발명매니어가 매우 많이 존재하고 있는 것 같다. 이와 같은 기계를 「영구기관(永久機關)」(엄밀히 말해서 「제1종 영구기관」)이라고 하는데 진짜는 만들 수 없다는 것이 몇 십 년도 전에 증명되어 버렸다. 여기서는 일견 그럴듯하게 보이는 제법 긴 시간에 걸쳐서 똑같은 운동을 반복하는 것을 만들어 보자.

준비물

○ 콜라, 사이다나 진저에일 등의 탄산음료수

○ 포도(알이 작은 것)

○ 키가 큰 유리컵〔포도주 냉각기(wine-cooler)의 덤으로
   따라오는 것과 같은 몸체가 가늘고 긴 것이 가장 좋으
   나 투명한 것이면 아무 것이라도 상관없다〕
○ 똑같은 별개의 실험을 위해서는 :
  a) 분필(탄산칼슘으로 만든 것)
     식초
     식염
     방충제의 정제(나프탈렌이 가장 좋다. 장뇌는 물에 떠
     버리기 때문에 사용할 수 없다. 파라졸은 비중이 너무
     커서 용액의 비중을 가감하는 데 여간한 일이 아니다)
  b) 달걀
     식초

───── **이러한 방법으로 한다 !** ─────

사이다나 진저에일 등 탄산음료수면 아무 것이나 상관없으나 가
급적 색이 진하지 않은 것이 좋다. 미리 하룻밤 정도 냉장고에서
식혀둔다(기체의 용해도는 온도가 낮아질수록 크게 되기 때문에
양지바른 곳에 둔 것을 컵에 부으면 심하게 거품이 일어나 넘쳐 흐
르기 때문이다).

흠집이 없는 포도(품종은 아무거나 상관없지만 알이 너무 크지
않은 미국 델라웨어 주의 것이 좋다)를 포도송이에서 두세 개 따서

키가 큰 유리컵의 바닥에 살짝 넣는다. 물론 한 개라도 괜찮다. 계절에 따라서 「버찌」도, 매실이나 살구라도 좋다(작은 토마토로 해보았으나 너무 가벼워서 잘 되지를 않았다).

이것에 식혀서 둔 사이다 등의 탄산음료수를 조용히 3분의 2정도 넣고 물을 가득 채운다. 머지않아 바닥에 가라앉았던 포도가 움직이기 시작하여 떠오른다. 잠시 기다리면 거품투성이가 되어 수면에 떠 있던 포도가 빙그르르 돌고 표면에 부착되어 있던 거품의 숫자가 줄게 되면 또 바닥쪽으로 가라앉는다. 이것을 몇 번이나 반복하는데 조용히 방치하여 두면 만 하루 정도는 움직이고 있을 것이다.

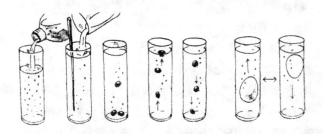

이것은 물 속에서 과포화가 되어 있는 이산화탄소가 과일의 표면에서 거품으로 되기 때문에 부력이 커지게 되어 원래가 물과 밀도가 그다지 다르지 않은 과일이면 부력이 물을 이겨서 떠 오르려고 하는 것이다. 그러나 수면까지 도달하게 되면 지금까지 부력의 원천이었던 이산화탄소의 기포가 파괴되어 없어져 버리기 때문에 중력이 물보다 커져서 다시 가라앉게 되는 것이다. 표면에서 포도가 빙그르르 돌 때 주위에 붙어있던 기포가 줄어서 부력이 부족하게 되면 또 아래로 가라앉는 것을 알 수 있다.

사이다나 스프라이트, 세븐업 기타의 탄산(炭酸)이 들어있는 청량음료수는 설탕 등이 녹아 있기 때문에 비중은 물보다 크다. 그래

서 희석하지 않은 상태로 포도를 집어넣어도 상관이 없으나 승강
(昇降)운동을 일으킬 때까지는 시간이 제법(30분 이상) 걸린다
(계속 떠 있으면서 빙그르르 돌기만 한다). 그 대신에 승강운동이
시작되면 희석하지 않은 것보다도 훨씬 오랜 시간에 걸쳐서 움직인다.

따라서 물로 희석해서 비중을 작게 하여 부력과 중력과의 균형
이 잡히기 쉽게 하면 시작까지의 시간은 짧게 된다. 그 대신 지속
시간은 아무래도 짧아지는 것은 부득이하다. 또한 너무 엷게 희석
해 버리면 기포가 생기는 속도가 작아져 버리기 때문에 여간해서
움직이지 않는다.

각각의「브랜드」나름대로 사이다나 쥬스 등의 비중은 미묘한 차
이가 있으므로 그 뒤의 문제는 여러분이 연구하여 주기 바란다.

한시(漢詩)의 세계에는 옛날부터 여름의 풍경(風景)으로서「부과
침리(浮瓜沈李)」라고 하는 아름다운 말이 있는데 참외나 호리병박
과 같이 처음부터 물에 뜨는 것으로서는 이 실험은 근본적으로 무
리이기 때문에 할 수가 없다. 서양오얏[李]은 물에 가라앉기 때문
에 포도의 경우보다도 큰 그릇을 사용하면 똑같은 부침(浮沈)을 관
측할 수가 있을 것이다. 다만 덩치가 포도나 버찌보다도 크기 때문
에 뜨고 가라앉는 데에는 훨씬 오랜 시간이 필요하게 된다.

모모타로(桃太郞)[주 9]의 복숭아는 둥둥 개울을 떠 내려온 것으로
되어 있으나[아주 옛날의「복숭아」는 현재의「야마모모(楊梅, 山
桃)」[주 10]를 말하는것 같으나] 복숭아 속에 매우 큰 공동(空洞)이
없이는 개울물에는 뜨지 않았을 것이다.

표면에 털이 많이 나있기 때문에 옛날에는「털복숭아」라고 불렀
고 기포(氣泡)가 생기기 쉽고 빗물 등을 튀겨버린다. 우연히 할
머니가 빨래를 하러간 개울에 탄산가스를 많이 포함한 온천이라도
솟아올라서……라고 하는 것이라면 지금의 실험과 같은 결과가 된다.

똑같은 실험인데 식초나 묽은 염산과 분필(백묵)을 사용해서 이산화탄소(CO_2)의 포화용액을 만들어 이 속에 방충제(나프탈렌)의 정제(錠劑)를 던져넣어 보는 것도 재미있을 것이라고 생각한다. 이 경우 산을 가한 것만으로는 수용액의 밀도가 작아서 포도보다도 훨씬 비중이 큰 나프탈렌을 뜨게 하기에는 조금 부족하기 때문에 식염을 가하여 용액의 비중을 가감해 줄 필요가 있다.

앞에서 실험한 쥬스의 경우와는 정반대이다.

나프탈렌의 결정의 밀도는 1.16이나 되기 때문에 물 100ml에 대해서 10그램 정도의 비율로 식염을 가한다. 티스푼 수북하게 하나 정도가 될 것이다. 보통의 컵이면 용량이 조금 더 크기 때문에 (150~200ml) 컵의 반쯤 물을 넣고 티스푼 하나 정도의 식염을 가한다. 이것에 나프탈렌의 정제를 넣어서 겨우 떠오를 정도가 되면 괜찮으나 부족하면 소량의 식염을 추가한다. 계속 떠올라 있기만 하면 이번에는 물을 가하여 비중을 작게 한다. 나프탈렌에는 매직잉크로 얼굴을 그려두는 것도 재미있을지 모른다.

여기서 손가락 끝마디만한 분필 쪼가리와 식초를 가하면 기포가 발생하기 때문에 나프탈렌의 정제에 기포가 부착하여 기체의 부력으로 승강운동을 반복하게 된다. 식초는 제품에 따라서 농도가 상당히 틀리기 때문에 처음에는 티스푼 하나씩 가해서 알맞게 잘 되는 곳까지 가감하기 바란다.

그러나 요즘의 분필은 옛날과 같이 탄산칼슘으로 만든 것뿐만 아니고 황산칼슘(석고)으로 만든 것이 많이 있다. 따라서 이 실험에 사용하기 위해서는 산을 부어서 이산화탄소의 기포가 나오는 것을 선택하지 않으면 안된다. 새 분필상자에는 성분이 무엇인가가 적혀 있으나 여기저기 굴러다니는 것은 잠깐 보는 것만으로는 알 수가 없으니 일부를 잘라서 식초나 염산을 떨어뜨려 거품이 나는 것이면 사용할 수 있다. 조류상(鳥類商)에서 팔고 있는 「보레이」라고 하는 흰 가루가 있는데 이것은 굴껍데기를 분쇄해서 정제(精製)한 것이기 때문에 지금의 분필 대신으로 사용할 수가 있다.

파라졸(파라클로로벤젠)은 고체의 비중이 1.45나 되기 때문에 포화식염수로서도 충분한지 어떤지는 조금 의심스럽다. 물론 학교의 실험실 등에서 특별한 염(鹽)을 녹이면 이 정도의 비중이 큰 수용액은 간단히 만들 수 있으나 보통의 가정에는 없을 것이기 때문에……

달걀의 껍데기도 탄산칼슘이 주성분이기 때문에 달걀을 그대로 희석한 식초에 던져 넣으면 마찬가지로 기포가 발생하여서 승강운동을 반복한다. 이 때에는 식초의 농도가 중요한 것으로서 이제 막 병마개를 딴 새것(4%)을 사용하면 기포의 발생이 너무 많아져서 계속 떠 있기 때문에 조금 희석해서 실험을 할 필요가 있다(스킨에그를 만들 때와 같이 진한 초에 넣으면 가라앉지 않고 수면부근에서 천천히 회전하는 것을 볼 수 있다). 이 때에도 달걀의 신선도에 따라서는 식염을 가하여 비중을 가감해 줄 필요가 있을지도 모른다. 식초를 사용해서 실험한 달걀은 나중에 그 알맹이를 먹을 수 있다(초란「酢卵」은 건강식품이라고 한다). 그러나 이것이 염산이라면 어쩐지 기분이 나쁘다고 하는 사람이 많을 것으로 생각한다.

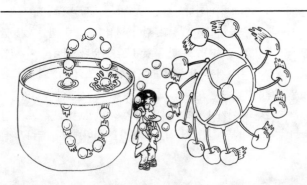

부활제에 달걀을 물들이자

8

?

이스터 에그

───── 일러두기 ─────

유럽, 특히 추위가 극심한 지방에서는 부활제는 성대한 행사인데 여기에는 염색한 달걀이 부속물이다. 이 시기가 되면 우리의 입장에서 보면 너무 야한 색채를 칠한 삶은 달걀이 쇼 윈도(Show window) 안에 장식되어 있는 것을 흔히 보게 된다.

달걀의 껍데기는 탄산칼슘이 주성분이기 때문에 칼슘염이 매염제(媒染劑)가 되는 색소이면 달걀을 염색할 수 있다. 여러 가지의 것을 사용할 수 있으나 여기서는 폐기물 이용을 겸해서 양파의 껍질(얇은 껍질)로 실험한 것을 예시(例示)한다. 다른 색이 있는 것으로도 색의 농담(濃淡)의 차이는 있으나 염색은 가능하다.

준비물

○ 양파의 얇은 껍질

○ 달걀

○ 명반(「칼리명반」이든 「암모늄명반」이든 상관없다)

○ 조금 작은 냄비 또는 포트

○ 젓가락

─── **이러한 방법으로 한다!** ───

법랑을 올려서 만든 냄비가 좋으나 없으면 불에 댈 수 있는 티 포트(teapot)를 준비한다. 양파의 얇은 껍질을 큰 것이면 세 개분 정도(부엌에서 버리는 것을 모아두면 좋을 것이다. 더 많아도 상관 없다)를 모아서 물을 100㎖ 정도 가하고 불에 얹어서 끓인다. 몇 분 동안 끓이면 제법 진한 갈색의 액이 될 것이다.

불에서 내려 식힌 다음 젓가락으로 양파의 껍질을 집어 낸다. 전 부 집어서 내면 좋겠지만 다소 작은 쪼가리가 남아 있어도 상관없 다. 만일 신경이 쓰이면 조리로 걸러 내는 것도 좋겠다.

이 갈색의 수용액에 껍데기채로 삶은 달걀을 넣어서 10분 정도 방치하여 본다. 이것만으로도 엷지만 선명한 노랑색으로 물들여지나 명반을 귀이개의 끝으로 하나(50~100mg) 정도 떠서 용액으로 하여 이것을 지금의 갈색의 수용액에 가하여 달걀을 물들이면 더 예쁘고 진하게 염색이 된다.

위에서 한 것과 마찬가지 방법으로「오룡차(烏龍茶)」를 조금 진하게 만들고 이 속에 삶은 달걀을 넣어 본다. 이쪽은 명반을 넣지 않아도 껍데기가 염색이 되나 시간이 더 걸린다.

──── 이러한 방법도 있다 ────

달걀의 껍데기는 이미 말한 바와 같이 탄산칼슘이 주성분이기 때문에 색소에 따라서는 반드시 잘 염색되는 것은 아니다. 초목(草木) 염색 등에서도 면(綿)에는 염색되지 않으나 명주(絹)에는 염착(染着)이 잘 되는 것이 있다. 즉 단백질이면 색소가 고착하나 셀룰로오스에서는 견고하게 결합하지 않고 물로서 색이 빠져버리는 것이다. 마찬가지로 달걀 껍데기에는 잘 염착되지 않는 것도 다른 것에는 잘 염색되는 것도 있다.

사람이나 가축에 해가 없는 색소라면 껍데기를 벗긴 삶은 달걀을 사용해서 흰자위의 표면을 염색하여도 그대로 먹을 수 있다.

붉은 차조기(紫蘇, 일본어로는「시소」)의 잎을 몇 장 따서 물로 씻어서 흙먼지 등을 제거한 다음 식염을 조금 뿌린다. 나긋나긋해지면 손끝으로 으깬다. 엷은 청색의 액체가 스며나온다. 이것은 차조기의 잎의 세포가 파괴되어「안토시안(Anthocyan)」색소인「시소닌」이 나온 것이다.

이것에 식초를 몇 방울 가하여 보자. 엷게 더럽혀진 것 같은 침출액(浸出液)이 선명한 적자색(赤紫色)으로 되는 것을 볼 수 있다. 즉 「시소닌」도 「리트머스」와 마찬가지로 액의 수소 이온 농도에 따라 색이 변하는 것이다.

물론 처음부터 소금과 초를 함께 뿌려 두어도 상관없다. 이때에는 처음부터 적자색의 액이 나오게 된다.

이 붉은 액에 껍데기를 벗긴 삶은 달걀(되도록이면 굳게 익힌 것)을 넣어서 잠시 두면 표면만 청록색으로 물이 든다. 흰자위의 표면은 단백질의 성분인 아미노산 때문에 중성에 가깝게 되어 있어서 「시소닌」도 산성의 적자색이 아니고 염기성 색(色)인 청색계통의 색으로 물이 드는 것이다.

이때도 미량(몇 밀리그램)의 명반을 가하여 두면 염색이 잘 된다. 명반은 「킨통」(요리이름) 등을 만들 때에 넣는 것인데 지금과 같이 양이 적으면 먹어도 인체에는 흡수되지 않고 해가 되지도 않으나 만일 마음에 걸리면 먹지 않는 것이 좋겠다. 옛날 같으면 차(茶)의 잎이나 동백나무의 잎을 태워서 만든 재(알루미늄 성분이 상당히 함유되어 있다)를 매염용(媒染用)으로 사용하였는데…….

무심결에 명반이 묻은 손가락으로 앞에서 말한 적자색의 액을 만지면 손가락도 단백질로 되어 있기 때문에 보기 좋게 청자색(靑

紫色)으로 물이 든다. 즉 껍데기를 벗긴 달걀과 같은 것이다. 비누로 씻어도 여간해서 지워지지 않으나 이것은 산소계의 표백제를 소량 작은 컵에 넣고 물을 부어서 이것을 「핑거보울(finger bowl)」과 같이 손가락을 넣어서 닦으면 순식간에 지워진다. 즉 안토시안계의 색소는 산화에 대해서 매우 약하다. 손은 물론 나중에 꼭 물로 씻기 바란다.

─── 조금 어려운 이야기 ───

쿼르세틴(quercetin)과 시소닌은 우리의 주변에 있는 식물체의 색소 중에서도 선명한 색을 가진 것을 예로서 들은 것인데 쿼르세틴은 플라본계(flavone)의 색소이고 시소닌은 안토시안계의 색소이다.

「시소닌」은 일본의 여류화학자의 선구자이었던 오차노미즈(お茶の水) 여자대학교의 구로다 지카(黑田チカ) 선생의 손에 의해서 구조가 정해진 천연색소의 하나이다. 카르타민(carthamin), 시코닌(紫根), 구로마민(黑豆) 등 구로다 선생의 손에 의해서 해명된 천연색소가 많이 있는데 「시소닌」도 그 중의 하나로서 시아니딘 유도체이고 그림에서 나타내는 구조인 것이다.

이 색소는 산성의 용액에서는 안정(安定)하나 중성 용액이나 알칼리성 용액에서는 그다지 안정하지 않다. 그래도 여기 저기에 붙어 있는 OH원자단이 알루미늄과 결합하면 비로소 안정된 색조(色調)를 나타내게 된다고 한다.

76

구조식

케르세틴

$O - C_6H_{10}O_5 - COCH = CH -\!\!\!\bigcirc\!\!\!- OH$

$C_6H_{11}O_5$

시소닌

거품의 불가사의

9

?

샴푸와 린스

── 일러두기 ──

요즘은 아침에 일어나자마자 샴푸를 하는 것이 유행이라고 한다든가.「百人一首(백인일수)」[주11]의 그림에 나와 있는 것과 같은 옛날의 공주들의 세발(洗髮)은 대단한 행사이었던 것 같고 매일 머리를 감는다는 것은 당시의 귀부인에게는 도저히 이루어질 수 없는 꿈이었을 것으로 생각한다. 이것은 서양도 마찬가지였다.

샴푸와 린스(요즘은 컨디셔너라는 이름으로 되어 있는 것이 늘어났음)가 한쌍의 세발용의 세트로서 팔리고 있는 것이 있으니까 이것을 사용해 보자.

┌── 준비물 ─────────────────
│
│ ○ 샴푸

○ 린스(컨디셔너)
○ 알코올
○ 식염
○ 빨래통
○ PET(일종의 투명플라스틱) 병의 빈 병

──── 이러한 방법으로 한다! ────

샴푸로 머리를 감으면 뻐끔뻐끔 대량의 거품이 나온다. 이 거품 만을 별도의 빨래통에 손으로 거둬서 넣자. 이와 같은 거품을 「건조된 거품」이라고 말할 때가 있는데 수막(水膜) 속에 공기가 밀폐 되어 있는 것이니까 정말 건조되어 있는 것은 아니다.

물론 그릇에 물과 샴푸를 넣고 흔들어 섞어서 만든 거품도 상관 없으나 바닥에 물이 고여있지 않는 편이 실패가 적다(콜라 등의 PET병 속에서 흔들어 섞고 살짝 거꾸로 하면 물만을 대부분 제거 할 수 있다).

이 용기에 옮긴 거품에 알코올을 스프레이하여 본다. 물론 오데 코롱이나 애프터셰이브 로션도 괜찮다. 「빠작빠작」 소리가 나면서 작은 거품이 파열되고 점점 부피가 줄어드는 것을 알 수 있다(이때 스프레이하지 않고 기벽에 한 방울 흘려 보면 알코올에 닿은 부분만 심하게 파포(破泡)현상이 일어나는 것을 볼 수 있다).

알코올 대신에 식염을 뿌려 보자.

샴푸 대신에 세탁용의 세제를 사용해 보아도 동일한 실험을 할 수 있다. 다만 이쪽은 대부분이 고체이기 때문에 아주 소량을 녹이도록 하지 않으면 잘 안될는지도 모른다. 액체의 샴푸보다도 가감이 어렵다. 부엌용(식품용)의 세제도 샴푸와 동일한 성분의 것이 있기 때문에 거의 똑같은 실험이 가능하다.

보통의 샴푸는 음이온성(性)의 계면활성제가 사용되고 있으나 비누와는 달리 수용액은 중성이고 피부나 두발(頭髮)이 상하지 않도록 연구되어 있다. 라우릴황산나트륨(도데실황산나트륨)이거나, 폴리옥시에틸렌노닐황산나트륨 등의 황산에스테르가 주성분이고 그 외에 색소나 향료, 여러 가지 약제(藥劑) 등이 배합되어 있다.

만일 메틸렌 블루(청색의 색소이고 세포염색에 사용되기 때문에 현미경의 세트에 흔히 들어있다)가 곁에 있으면 묽은 알코올 용액(0.1%정도)을 몇 방울 가해서 흔들어 보자. 메틸렌 블루는 양이온성의 색소이기 때문에 음이온성의 계면활성제와는 상용성(相溶性)이 좋다.

세탁용의 세제에서는 예전에는 원료값이 싸다는 이유로 ABS [분지(分枝)가 있는 알킬벤젠술폰산나트륨]가 전적으로 사용되었다. 현재는 거의 LAS라고 불리는 직쇄(直鎖)의 알킬벤젠술폰산나트륨으로 대체되었다. 앞에서 말한 메틸렌 블루와 ABS와는 염을 만들어서 클로로포름 등으로 추출(抽出)할 수가 있기 때문에 이것에 의해서 하천(河川) 물 등에 포함되어 있는 ABS를 정량(定量)하거나 한다.

린스는 마찬가지로 계면활성작용을 가지는 성분을 함유하고 있으나 이것은 양이온성의 것이 배합되어 있다. 양이온성의 계면활성제는 거품이 이는 것이 매우 나쁘나 전연 거품이 나지 않을 정도는 아니니까 별개의 그릇을 사용해서 똑같이 비교해 보는 것도 재미있을 것이다.

물의 표면장력은 보통의 액체 중에서는 매우 큰 쪽에 속한다. 따라서 표면적을 되도록이면 작게 하게 되어 수면에 거품이 생겨도 곧 없어져 버린다. 물에 젖지 않는 표면의 위에서는 곧 구슬과 같은 형태가 되는 것은 연꽃이나 타로토란의 잎 위에서 경험하였을 것이다.

여기에 계면활성제를 가하면 물과 공기와의 계면(界面)에 모여 얇은 층을 만들어 표면장력(계면장력)을 낮추는 작용을 하기 때문에 거품 속의 공기의 압력을 지탱할 정도가 된다. 즉 비눗방울을 볼 수 있는 것이다.

표면장력은 분자간의 인력(引力)에 의해서 생기는 것이기 때문에 물에 무엇이 녹아 있는가에 따라서 상당히 변화하고 온도에 따라서도 크게 변화한다. 우동이나 라면을 끓이고 있을 때 끓어넘치려고 하는 국물에 극히 소량의 물을 붓는 것만으로 금방 냄비에서 넘칠 것 같았던 거품이 가라앉는 것을 경험한 사람은 많을 것이다.

비등점 부근에서는 물에 국한되지 않고 액체중의 분자간에 작용하는 인력은 약간의 온도차로도 몇 자릿수나 달라지는 일도 있다. 온도가 높을수록 표면장력은 작아지기 때문에 세제나 샴푸에 의해서 거품이 나는 것도 훨씬 좋아지나 아무리 때가 잘 빠진다고 해서 열탕(熱湯)으로 머리를 감을 수는 없다〔병원에서는 가제나 붕대 등을 세탁할 때 압력솥에서 가열살균을 겸해서 세정(洗淨)을 한다〕.

샴푸의 주성분인 라우릴황산나트륨은 원래 야자유에서 얻어지는 라우릴알코올을 황산으로 처리해서 나온 모노에스테르를 중화한 것이다. 소위 중성세제의 전형(典型)이라고도 말할 수 있을 것이다. 한때 공해 문제로 시끄러웠던 ABS(알킬벤젠슬폰산나트륨)와는 달라서 분자중에 벤젠고리가 없어서 자연계에서 미생물 등에 의한 분해를 받기 쉽다. 그러나 가령 일억이천만 명의 일본인이 전부 매일 아침 샴푸를 사용하게 된다면 자연계의 분해능력은 한계가 있기 때문에 역시 문제가 될지도 모른다.

린스 중의 계면활성의 성분은 세틸·트리메틸암모늄 또는 스테아릴·트리메틸암모늄 등의 염화물이다. 이런 것들은 소위 「세제」로서의 작용은 거의 없다. 예전부터 소독용으로 사용되어 온 「역성(逆性)비누」의 성분이기도 하다. 이와 같은 제4급 암모늄염은 염색용의 조제(助劑)로서 매우 대규모로 사용되고 있다. 즉 대부분의 선명한 염료는 음이온이 되는 것이기 때문에 이것을 섬유에 붙여서 불용성의 것으로 만드는 데에는 편리한 것이다.

학교실험에서 낯익은 메틸오렌지나 메틸레드, 페놀프탈레인 등도 모두 음이온이 되는 색소이다.

아주 오래 전에 「우리집 아빠, 샴푸로 잘못 알고 린스를 쓰고 있어!」라고 하는 CM이 있었지마는 이것은 화학실험에서 시약을 가하는 순서를 틀린 것과 마찬가지여서 머리카락은 조금도 깨끗해지지 않는다. 미리 샴푸로 머리때를 씻어낸 다음 린스(컨디셔너)를 사용하면 먼저 때가 빠진 다음에 유분(油分)을 보충해서 부드러운 머리카락으로 할 수 있으나 먼저 양이온성의 계면활성제를 사용해 버리면 오히려 때는 말할 것도 없이 물에 녹아 있는 여러 가지 성분이 머리카락에 들러붙어 떨어지지 않게 된다. 앞에서 말한 바와 같이 염료를 섬유에 부착시키는 것과 마찬가지의 것이 되는 것이다.

$$CH_3(CH_2)_nOSO_3{}^-Na^+$$

n이 11(즉 탄소의 사슬의 길이가 12)의 것이 라우릴황산나트륨 (도데실황산나트륨).

$$CH_3(CH_2)_nN(CH_3)_3{}^+ \ Cl^-$$

n이 17(탄소의 사슬의 길이가 18)의 것이 염화스테아릴·트리메틸암모늄.

n이 19(탄소의 사슬의 길이가 20)의 것이 염화세틸·트리메틸암모늄.

LAS

ABS

참고서 : 다치바나다로(立花太郎)『비눗방울의 과학』

열의 저장고

10 ? 과냉각

일러두기

물은 섭씨 영도(0℃)에서 얼음이 되나 조건에 따라서는 영하가 되어도 액체 그대로 있는 일이 있다. 이것을 「과냉각의 물」이라고 하는데 어떤 계기로 다시 결정(얼음)이 생기면 순식간에 안정된 얼음의 형태로 변화해 버려 여분의 에너지가 열로서 발산하게 된다.

영도 이하에서는 실험이 보통일이 아니기 때문에 여기서는 조금 높은 온도에서 관찰할 수 있는 과냉각의 액체가 고체로 변화하는 것을 보도록 하자.

준비물

○ 티오황산나트륨(하이포)의 결정(금붕어나 열대어가게에
　서 구할 수 있다. 수돗물의 염소를 제거하기 위한 약으

> 로 3mm 정도의 투명한 결정이다)
> ○ 유리컵
> ○ 막컵(가급적 색이 있는 것이 편리하다)

───── **이러한 방법으로 한다!** ─────────────────

물을 끓여서 막컵과 유리컵을 따뜻하게 해둔다. 급히 가열하면 유리나 사기그릇은 깨지기 쉽기 때문이다. 이 때에 사용하는 컵은 미리 될 수 있는 대로 깨끗이 씻어 두기 바란다. 티오황산나트륨 (하이포)의 결정을 티스푼 두 개 정도를 떠서 컵에 넣는다. 이때 결정을 한 개만 별도로 취하여 두기 바란다.

비등(沸騰) 직전까지 가열한 물을 막컵에 붓고 이 속에 앞에서 준비한 티오황산나트륨의 결정이 들은 컵을 넣어 본다. 즉 탕(湯) 의 열로 내용물을 가열하는 것이다.

처음에는 아무렇지도 않으나 곧 결정의 표면이 흐려지고 얼마 안있어 액화가 시작된다. 이것은 시판의 티오황산나트륨에는 결정 수(結晶水)가 있고 48°C에서 이 속에 용해되어 버리기 때문이다.

처음에는 허옇게 혼탁되어 있으나 흔들고 있는 동안에 투명하게 된다(그래서 색깔이 있는 막컵 속에서 실험할 것을 권장한 것이다.

바닥이 깨끗하게 보이도록 되면 괜찮은 것이다). 여기서 조금이라도 결정이 남아 있으면 과냉각은 되지 않고 곧바로 또 결정이 생성되어 버린다. 만일 여간해서 녹지 않을 것 같으면 열탕을 바꾸기 바란다. 물과는 달라서 끈적거리는 액체이기 때문에 마지막까지 다 녹이는 데에는 조금 시간이 걸린다.

완전히 투명하게 되면 컵을 막컵의 탕으로부터 꺼내어 가능하면 종이로 뚜껑을 덮고 먼지가 들어가지 않도록 하고 천천히 냉각시킨다. 하루가 지나도 액체상태일 것인데 먼지가 들어가거나 하면 결정이 되어버릴지도 모른다. 그때에는 다시 한번 따뜻하게 데우기 바란다.

너무 결정이 되기 쉬울 때에는 물을 조금 여분으로 가하여도 괜찮으나 제발 지나치게 가하지 않도록 하기 바란다.

실온까지 냉각되면 손으로 만져서 별로 따뜻하지 않음을 확인 후 앞에서 취하여 둔 한 개의 결정을 이 속에 던져 넣어 본다.

반일(半日)에서
일일후

하이포

온도가
올라간다

결정이
석출

보고 있는 동안에 점점 결정이 성장하여 전체가 고체가 되고 컵은 손에 쥐고 있지 못할 정도로 뜨거워진다. 결정이 석출할 때에 여분의 에너지가 열의 형태로 방출되는 것인데 거의 순간적으로 열이 나와서 이와 같이 뜨겁게 되는 것이다.

접시 위에 하이포의 결정을 놓고 앞의 과냉각 용액을 위로부터 뚝뚝 천천히 적하하면 석순(石筍)과 같이 결정이 윗쪽으로 성장한다고 하는 실험이 미국의 교과서에는 실려 있는 것 같은데 지금까지 나는 해본 적이 없다. 그러나 이 씨(種子)결정의 위에 결정을 성장시킨다고 하는 것은 인공의 수정(水晶)이나 인공의 「루비」등을 만들 때에도 시행되는 방법이니까 솜씨만 좋으면 충분히 가능하다고 생각한다. 초산나트륨의 삼수염(三水鹽)도 과포화용액이 되기 쉬우나 이것으로는 잘 안되는 것 같다.

액체로부터 결정이 생길 때에는 역시 씨(種子)가 필요하다. 대기의 높은 층에서 수증기가 있는데도 비가 내리지 않는 일이 흔히 있는데 이것은 과냉각의 수증기가 있어도 씨가 없기 때문에 얼음의 결정이나 빗방울이 될 수 없는 경우이다. 미국의 대학자(大學者)였던 랑뮤어가 그렇다면 고층대기에 얼음의 씨가 될 만한 결정을 뿌리면 비가 내릴 것이라는 독특한 아이디어를 내어 실제로 비행기에서 요오드은이나 드라이아이스의 가루를 뿌렸더니 확실히 효험이 있었다는 것이 「인공강우」의 시초인 것이다. 그러나 요즘은 「인공강우」를 상업으로 하는 비행기회사까지 생긴 것 같은데 「우리쪽에 내릴 예정이었던 비를 다른 곳으로 가져가 버렸다」라는 일로 소송이 끊임이 없다고 한다. 미국은 넓기 때문에 정확히 예측하였던 것이 예상치도 않은 곳으로 미친다고 하는 것인지도 모른다.

물이 얼음으로 될 때에도 우리가 인지하지 못할 뿐이지 상당한 열이 나오고 있다. 북경(北京)이나 모스크바, 또는 한구(漢口) 등에서 겨울이 몹시 춥고 여름은 가끔 혹서(酷暑)상태가 되는 것은 일본의 주위에 있는 바다와 같은 열에너지의 저장고로서 작용하는 것을 기대할 수도 없기 때문이다. 반대로 얼음이 녹아서 물이 되기 위해서는 여분의 에너지가 필요하다.

지구상의 물의 몇 %는 대륙빙하의 형태로 남극대륙이나 그린랜드에 고체로서 존재하고 있는데 만일 지구 전체가 온난화(溫暖化)하여 이 얼음이 전부 녹아 버렸다면 열에너지를 천천히 저장하거나 서서히 방출하거나 하는 부분이 대폭 감소되어 버리기 때문에 기후의 변동은 극심하게 될 것이라고 예측되고 있다.

반대로 국지적으로 큰 얼음덩어리를 놓고 기후를 바꾸어 보는 것이 어떨까 하는 생각도 있다. 남극의 빙산(氷山)을 혹서(酷暑)의 홍해(紅海)나 페르시아만까지 끌어오면 수자원문제도 해결되고 기후도 조금은 온화하게 될 것이라고 하는 대계획(大計劃)이 예전에 아랍의 왕들로부터 진지하게 제안된 일도 있었다.

리트머스의 대용품

11

?

산과 알칼리

—— 일러두기 ——

베이킹 파우더로서 옛날부터 알려진 「중조」는 케이크를 굽거나 할 때에 이스트균 대신에 흔히 사용하는 것이다. 이것도 여러 가지의 실험의 재료로 사용될 수 있고 어떤 일이 있을 때에도 소용이 되기 때문에 한 봉지 정도 사두는 것도 나쁘지는 않다.

「중조」라고 하는 것도 옛날의 화학명이 「중탄산소다」라고 하였기 때문이다. 현대의 정식명칭은 「탄산수소나트륨」이고 화학식은 $NaHCO_3$이다. 「중(重)」이라는 접두어는 산이 여분으로(겹쳐 있어?) 있는 것을 의미한다. 옛날부터 소위 세탁소다인 「탄산소다」, 즉 Na_2CO_3이면 나트륨 2원자에 대해서 탄산이온이 1개인데 반해서 중탄산소다에서는 나트륨 1원자에 대해서 탄산이온이 1개 있기 때문이다.

┌─ **준비물** ─────────────────────────┐

○ 중조(탄산수소나트륨)

○ 식초(포카리스웨트 등의 스포츠 드링크의 휴대용 분말
　도 좋다)

○ 색이 선명한 계절의 꽃잎, 단풍잎이나 붉은 차조기의 잎
　등

○ 작은 접시

○ 스포이트

└──────────────────────────────┘

───── **이러한 방법으로 한다!** ─────

　건조된 컵을 몇 개 준비해서 그 중의 하나에 중조를 티스푼 하나
정도 넣기 바란다. 여기에 100cc 정도, 즉 컵의 반 정도 물을 가하
고 교반한다. 바닥에 조금 녹지 않은 결정이 남아 있어도 상관없
다. 이 수용액은 약한 알칼리성을 나타낸다.

　또 하나의 컵에는 식초를 역시 티스푼으로 하나를 넣고 물로
100cc 정도로 희석하기 바란다. 이것으로 「약산성」의 수용액과
「약알칼리성」의 수용액이 완성되었다. 가능하면 매직잉크로 착오가
없도록 「A」「B」라고 써서 붙이는 것이 좋겠다. 산은 「acid」, 알칼

리(鹽基)는 「base」니까 머리문자를 쓰면 혼란이 일어나지 않는다.

우리들의 주변에 있는 여러 가지 색소 중에는 산성과 알칼리성에서 색조(色調)가 상당히 틀리는 것이 있다. 예컨대 홍차(紅茶)의 색은 레몬을 넣으면 엷게 되는 것을 경험한 사람도 많을 것이다. 근처에 있는 꽃이나 단풍잎, 「차조기」의 잎의 색은 대부분이 안토시안계의 것이어서 산과 알칼리에서는 색조가 크게 달라진다.

붉은 차조기의 잎은 색이 선명한 적자색을 하고 있는데 물로 씻은 정도로서는 별로 속에서 색소가 나오는 일은 없다. 이것을 소금을 뿌려서 비벼보면 세포가 파괴되어 엷은 청색의 액이 스며나온다. 이 색이 있는 물을 두 개의 작은 접시에 채취하여 각각에 스포이트로 앞에서 준비한 「약산」과 「약알칼리」의 수용액을 가하여 보자. 산을 가한 쪽은 보기 좋게 홍자색(紅紫色)으로 변하고 알칼리를 가한 쪽은 청색이 진하게 된다(곧 분해되어 지저분한 색으로 되어간다).

기타의 색이 선명한 꽃도 마찬가지로 식염을 뿌려서 나긋나긋하게 한 후 손가락으로 비비면 색소를 함유한 액체가 채취되기 때문에 방금 시험한 차조기와 마찬가지로 산과 알칼리에 의한 색의 변화를 볼 수가 있다.

중조　　　식초

소금으로 비빈 색수(色水)

중조수　　　식초

식초 대신에 포장된 스포츠·드링크의 분말을 조금 진하게 녹여
도 좋다. 이들 중에는 구연산이나 주석산이 배합되어 있다. 따라서
중조수(重曹水)와 혼합하면 격렬하게 이산화탄소의 거품이 나는
것을 볼 수 있다.

꽃의 색깔은 안토시안 이외에 플라본이나 카로티노이드 등이 함
유된 것이 많으나 이들의 경우에는 산성이나 알칼리성에서는 색의
변화가 그다지 분명치 않다. 산성과 알칼리성이라고 하는 것은 용
액의 수소 이온의 농도지수(pH)가 7보다 큰 것인가 작은 것인가
에 의해서 결정되는 것인데 이것이 전기화학적인 방법에 의해서
정밀하게 결정되기 이전에는 위와 같은 색소의 색조가 변화하는
것을 보고 추정(推定)할 수밖에 없었다.

서양의 옛날의 책을 보면 당시에 의약품이기도 하였던 「제비꽃
의 시럽」을 이용해서 용액의 산성이나 알칼리성을 검사하였다고
하는 기록을 가끔 볼 수 있다. 이 「제비꽃」은 아무래도 「바이올렛」
이 아니고 「삼색(三色)제비꽃」 즉 「팬지(pansy)」인 것 같은데 여
하간에 안토시안계의 색소이기 때문에 수용액의 수소 이온이 많으
면 빨갛게, 적으면 파랗게 되는 것이다.

국민학교때부터 낯익은 리트머스는 원래는 이끼(지의류 ; 地衣
類)의 색소로서 여러 가지 색소의 혼합물이다. 따라서 변색영역(變
色領域)이 넓고 개략적인 산성과 알칼리성의 구별밖에는 되지 않
으나 대개 중성 부근에서 산성의 적색으로부터 알칼리성의 청색으
로 변하기 때문에 옛날부터 흔히 이용되어 왔다. 요즘은 이것 이외
에도 더 좋은 지시약이 많이 있으나 역시 어린시절의 「판에 박힌
것」 때문인지 리트머스가 없이는 산과 알칼리의 구별은 할 수 없다
고 생각하는 사람이 제법 많다.

중조의 수용액은 약알칼리성을 나타내기 때문에 흔히 황산이나

질산과 같은 강한 산을 엎질렀을 때에 중조수 또는 고체의 중조를 중화용으로 뿌리곤 한다.

더 강한 알칼리인 가성소다(수산화나트륨)나 생석회(산화칼슘)로 중화하여도 좋을 것 같으나 강산과 강알칼리와의 반응은 격렬하게 되고 발열하기 쉬워서 기껏 해(害)를 없애려고 한 것이 또다른 피해가 생겨서는 아무 소용도 없게 되는 것이니까 가급적 온건하게 수습할 필요가 있다. 대량의 이산화탄소가 발생하나 뒤에 남는 잔류물이 조금이라도 적게 되는 것이 정리가 편하다.

요즘은 pH가 1부터 14정도까지의 사이에서 색조가 연속적으로 변화하는「만능지시약」이라는 것도 있다. 고등학교 선생님도 아직 이것을 모르고 있는 분도 있으나 이것은 아주 옛날부터 있던 것이다. 여러 가지 색소의 혼합물인데, 몇 가지의 처방이 있고 아주 개략적이기는 하나 물건에 따라서는 0.1pH 정도의 차이를 판별할 수 있는 것도 있다. 보통은 너무 강알칼리성의 것은 가정에는 없을 것이기 때문에 더 범위가 좁은 것(pH가 1부터 10정도)이 사용하기 편할는지도 모른다.

리트머스와 마찬가지로 시험지의 형태로 된 것(유니버설 pH시험지)이 편리하며 약국에 주문하면 입수할 수 있을 것이다. 릴(reel)로 된 것이나 가느다란 단책(短冊)과 같은 모양으로 된 것도 있는데 외래품(독일의 Merk사의 제품)도 1권(또는 한상자)에 1000엔 정도가 된다. 작게 잘라서 사용해도 괜찮으므로 제법 여러 번 사용할 수가 있을 것이다.

눈과 숯?

12

?

활성탄

일러두기

「기무꼬」 등이라는 이름으로 팔리고 있는 냉장고의 탈취제에는 야자껍데기를 태워서 만든 활성탄이 화지(和紙)의 봉지에 밀봉되어 있다. 수도물에 있는 염소분(鹽素分)을 제거하는 데에도 마찬가지로 활성탄을 충전(充塡)한 통(筒)이 사용되고 있다. 이 정수기(淨水器)를 처음으로 사용하면 새카만 물이 나오는 일이 있는데 이것은 활성탄의 미립자가 씻겨 내려간 것이다.

냉장고용의 탈취제는 튼튼한 플라스틱 케이스에 밀봉되어 있기 때문에 이것을 부수는 것은 조금 망설여지니까 수도꼭지에 끼우는 활성탄이 들어 있는 「어댑터(adaptor)」를 사용해 보자. 이것으로라면 원래 위로부터 물을 흘리도록 만들어져 있기 때문에 실험도 간단하다.

준비물

○ 활성탄이 들어 있는 수도꼭지용 어댑터
○ 붉은 잉크
○ 수성의 사인펜
○ 표백제

이러한 방법으로 한다!

너무 주둥이가 넓지 않은 용기(환타 등이 들어 있는 주둥이가 좁은 유리병이 좋을 것이다) 위에 상기 활성탄이 들은 어댑터를 끼운다. 이대로는 속에 물이 들어가지 않기 때문에 성냥개비를 사용해서 다음 그림과 같이 틈새기를 만들어 주자. 원래 느슨해서 공기가 자유로이 출입한다면 이럴 필요는 없으나……. 붉은 잉크를 희석해서 상기 활성탄이 들은 어댑터의 위로부터 적하하여 본다. 어댑터는 새것이면 물이 통과되지 않을 수도 있는데 그때는 어댑터의 꼭지로 한 번 수돗물을 흘려서 사용하기 바란다(이와 같은 경우 다음 그림과 같이 젓가락이나 유리막대기를 대고 흘려놓으면 실패하지 않는다. 이것도 그림을 보고 시도해 보기 바란다. 교과서 등에는 반대로 그려놓은 것이 있는데 이것은 왼손잡이가 많은 미국의 교과서를 비판없이 번역하였기 때문인 것 같다. 오른손에 유리막대기, 왼손에 그릇을 드는 것이 올바른 것이다).

액량의 반 정도가 통과하였을 때 통과해서 아래에 고인 물을 원래 흘리기 전의 물과 비교해 보면 현저하게 엷어진 것을 알 수 있다. 즉 활성탄에 의해서 붙잡혀 버린 것이다. 이와 같은 여과층(濾過層)의 두께가 작을 때는 입자(粒子) 사이를 통과하는 것이 무시될 수 없기 때문에 완전히 무색으로는 되지 않을 것이다.

다른 색깔이 있는 액체에도 마찬가지로 흡착(吸着)의 작용으로 탈색되는 것이 많기 때문에 여러 가지로 시험해보면 재미 있을 것이다. 나팔꽃 등의 꽃잎에서 채취한 색깔있는 물이나 싸인펜 등의 수용성의 색소의 수용액이면 동일한 탈색의 실험이 가능하다.

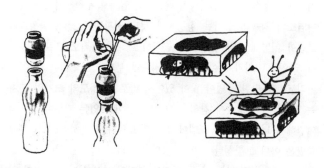

염소계의 표백제를 1000배 정도로 희석하여 마찬가지로 위로부터 주입해 본다. 일부러 희석하지 않아도 빨래할 때에 마지막으로 표백제를 가한 물을 조금만 얻어오면 될 것이다.

염소의 냄새는 소위 「칼크」냄새라고 불리고 있는데 이것도 현저하게 약해져 있음을 알 수 있을 것이다. 수돗물 속에 녹아 있는 염소의 농도는 이것보다도 훨씬 적기 때문에 이 작은 어댑터로서도 제법 오래 사용할 수 있다.

숯(무정형탄소)이 여러 가지 냄새나 색깔, 습기 등을 흡수하는 것은 옛날 사람들도 생활의 지혜로서 알고 있었다. 긴 병치레를 하는 환자가 있어서 꼭 닫아 놓은 방안에서 악취가 꽉 찼을 경우 방 구석에 목탄(木炭)을 놓아 두었던 것이고 백설탕도 색깔이 있는 당밀로부터 착색성분을 숯에 흡착시켜서 제거할 수가 있었기 때문에 드디어 만들어질 수 있었던 것이다〔이 경우에는 입자가 고운 골탄(骨炭)이 사용되고 있다〕.

같은 탄소라도 다이아몬드나 그래파이트(흑연)로서는 이렇게 다른 물질을 흡착하는 것은 불가능한데, 부피에 비해서 매우 표면적이 큰 무정형탄소를 염화아연 등으로 처리해서 흡착능력을 향상시킨 것이 「활성탄」이다. 미량의 은(銀)의 입자를 부착시켜서 살균과 탈염소의 양쪽의 능력을 향상시킨 것도 시판되고 있다. 활성탄의 표면이 어떻게 되어 있는가는 솔직히 말해서 아직도 모르는 부분이 있으나 크기가 마이크로미터 정도의 분자규모가 되는 「낙지항아리」라 할 만한 구멍이 많이 있어서 바로 이 정도의 크기의 분자는 한 번 이 구멍속에 갇히면 그 속에 들어가 있는 기분이 좋은지 여간해서 나오지 않는 모델이 연구되고 있다. 단순히 크기의 문제뿐만은 아니고 활성탄 속의 특정의 원자와의 반응도 일어나고 있을 것인데 이 부근의 문제는 아직도 불명의 부분이 많이 남겨져 있다.

도요아시하라미즈호(豊葦原瑞穂)의 나라라고 불리워서 수자원에 부자유를 느끼지 않는다고 생각되었던 일본에서도 지금과 같이 상수도가 보급되기 전에는 음료수에 불편을 느끼고 있던 장소는 의외로 많았던 것이다. 이때에는 큰 나무통에 모래와 숯(木炭)을 여러 층을 채워서 하천의 물을 여과하여 음료수로 충당하였다. 모래로서 물리적으로 큰 입자를 제거하고 목탄으로 더 작은 입자를 흡착시켜 제거하였던 것이다. 요즘도 상수도의 원수에 마름(藻類)이 생겨서 특유의 냄새 때문에 괴로움을 당하고 있는 곳에서는 대량의 활성탄을 사용해서 탈취에 노력하고 있다.

공기중의 여러 가지 분자도 활성탄에 의해서 흡착되는데 온도가 낮을수록 흡착능력은 커진다. 그 때문에 냉장고 속에서의 탈취에는 활성탄이 매우 유효하나 그렇다고 해서 냉장고 속이 여기 저기 시커멓게 되어도 곤란하고 손쉽게 교환되지 않으면 안된다.

냉장고 속에서 오랫동안 사용해서 성능이 떨어져버린 활성탄은 가열처리하면 흡착능력을 복원시킬 수 있으나 요즈음같이 값이 싸면 복원시키는 것보다도 폐기하고 새로운 것을 사는 편이 시간적으로도 비용면에서도 훨씬 이득이 된다. 예쁜 케이스에 들어가 있어서 그대로 바꿔 놓으면 되도록한 것은 아깝다고 생각되나 서뿔리 처리해서 독가스라도 나오면 곤란하니까 안전을 위해서도 이편이 좋은 것이다.

만일 사용해서 낡아진 「냉장고 탈취제」의 상자가 깨진 것이 있으면 그 안에서 활성탄 쪼가리 하나만 끄집어 내어 타지 않도록 주의하면서 불옆에서 구워 보기 바란다. 지독한 악취가 검지(檢知)된다. 도저히 두번 다시 해볼 생각이 나지 않을 것이다. 반대로 생각하면 얼마나 냉장고 속에 휘발하고 있는 냄새의 성분의 양이 많은가를 알 수 있다.

가열에 의해서 악취가 발생한 것은 활성탄 속의 미세한 「낙지항아리」 속에 안주(安住)하고 있던 악취의 원인이 되는 분자가 열에 너지를 얻어서 격렬하게 운동을 하게 되면 밖으로 튀어나오기 때문이다.

텔레비전의 CF에서 이 활성탄으로부터 생기는 기체를 가스 크로마토그래프(GC)라고 하는 측정기계로 분석하고 있는 장면이 나온 일이 있는데 정말 많은 성분이 있음을 잠깐 보는 것만으로도 알 수 있다. 그러나 악취성분이라고 해도 고도로 희석하면 방향(芳香)으로 되는 것도 있으므로 이야기는 간단하지 않다.

옛날의 아이스크림 만들기

13

?

얼음과 소금

일러두기

요즘은 냉동실이 있는 냉장고가 보급되어 가정에서도 간단히 영하의 온도를 만들 수 있게 되었으나 인간이 영도 이하의 저온을 자유자재로 만들 수 있게 된 역사는 의외로 짧다.

그 옛날, 가정에서 아이스크림을 만들기 위해서는 요즘같이 조합된 재료를 사와서 교반하여 냉동실에 넣어서 만들 수는 없었다. 빙점(氷點)보다도 낮은 온도를 달성하기 위해서는 그 나름대로의 수단이 필요하였던 것이다.

이것을 위해서 필요하였던 것이 「한제(寒劑)」였다.

준비물

○ 얼음

○ 식염
○ 온도계(만일 있다면)

─── **이러한 방법으로 한다 !** ───────────

　냉장고의 냉동실에서 갓나온 상태의 얼음은 대굴대굴한 덩어리로 되어 있는데 이대로는 사용하기 어려우니 잘게 분쇄한다. 옛날 같으면 「아이스픽」이라는 송곳과 같은 것으로 나무통 속에서 분쇄하였던 것이다. 요즘이면 행주에 둘둘 말아서 나무망치나 쇠망치로 두드리는 것이 좋을 것이다. 여름용의 빙수를 만드는 기계가 있으면 이것을 사용하면 간단하기 때문에 가장 편할는지도 모른다.

　여기에 식염을 가하고 교반을 한다. 물론 손으로 하면 동상(凍傷)에 걸리기 때문에 플라스틱이나 나무로 만든 스푼을 사용하기 바란다. 처음에는 얼음의 일부가 녹으나 얼마 안가서 온도가 내려가는 것을 알 수 있다. 온도계를 꼽으면 즉각 영도 이하가 되어 있는 것이 분명해질 것이다.

　이제 한제(寒劑)가 들어간 용기 속에 플라스틱 용기에 넣은 쥬스(소위 아이스캔디의 재료)를 넣으면 얼마안가서 빙결(氷結)하여 아이스캔디가 만들어지게 된다.

옛날 같으면 시험관에 설탕물을 넣고 나무젓가락을 꽂아서 이 한제 속에 넣어 얼려서 아이스캔디를 만들었던 것이나 요즘같이 냉동실이 있는 냉장고가 보급된 마당에는 더이상 이러한 방법으로 일부러 만드는 사람은 적게 되었을 것이다.

옛날의 가정에서의 아이스크림은 이와 같이 하여 만든 저온의 용기 속에 크림, 밀크, 설탕 등의 재료를 넣은 다통(茶筒)을 놓고 사람이 교대로 격렬하게 회전시켜서 공기를 혼입시키면서 빙결하여 만든 것이다. 한참 오래 전의 신문기사에 「인도네시아에서의 아이스크림 만들기」라는 기사가 있었는데 여름철의 맛있는 음식으로서 이 방법으로 만들고 있는 사진이 실려 있어서 이것을 그럽게 생각한 분들이 많았던 것 같다. 냉동냉장고의 보급이 그곳에서는 그다지 이루어지지 않았다는 것이 될 것이다.

동일한 온도에서 만든 유지방(乳脂肪)을 함유하지 않는 것이 「셔벳(Sherbet)」이다. 「셔벳」의 원천은 「아라비아」가 기원(起源)인 것 같고 얼려서 만든 것에 국한되지 않고 과일시럽 전부를 가리키고 있었던 것 같다. 열사(熱砂)의 근동(近東)에서는 차게 얼린 것은 왕후귀족(王侯貴族)이 아니고서는 먹을 수 없었을 것이다.

「징기스칸」이나 「후비라이」가 차거운 셔벳을 즐겨 먹었고 원(元)나라의 궁내청(宮內廳) 소속의 「어사리별사(御舍里別師)」(일본어 발음으로는 "고샤리벳시"로서 셔벳을 만드는 사람)를 고용하고 있었다는 것은 기록에도 남아 있는데, 당시에는 일자상전(一子相傳)[※12]의 비전(祕傳)이었던 것 같다. 「사리별(舍利別)」이라 함은 셔벳(아랍어의 샤르바아트)의 「음성상당어구」인 것 같은데 일본약국방(藥局方, 대한약전과 같은 일본의 약전)에 예전에 「단사리별(單舍利別)」이라는 명칭으로 기재되었던 것은 순서당(純蔗糖)의 진한 용액, 즉 단(單)시럽의 뜻으로서 요즘의 셔벳은 아니었다. 아이스커피 등에 따라나오는 「껌시럽」은 이것에 아라비아고무 익스트랙트를 섞어서 부드럽게 한 것이다.

얼음을 구할 수 없을 때에는 물과 염류(鹽類)를 혼합해서 용해열(溶解熱)로 온도를 내리는 방식의 한제가 사용되었고 이것에 의한 제빙(製氷)공장까지 생겼던 일이 있었던 모양이나 경제적으로는 타산이 맞지 않아 지금은 도산해 버렸다. 그러나 이것을 소규모로 실용화한 것이 바로 역(驛)의 매점 등에서 팔리고 있는 다름아닌 「인스턴트 얼음베개」이다. 질산암모늄과 같이 매우 물에 잘 녹고 또한 용해열을 주위로부터 대량으로 빼았는 것이 이용되고 있다. 일일이 얼음을 가지고 다니지 않아도 되는 것이다.

상기 얼음과 식염의 혼합물로서 어느 정도까지 온도를 내릴 수 있는가는 혼합비(混合比)에 좌우되는데 이상적인 혼합비이면 영하 21.2도까지 내려갈 것이다. 보통으로 얼음과 소금을 혼합하는 것만으로는 여간해서 거기까지는 달성되지 않으나 $NaCl$(소금)이 22.4%, 얼음이 77.6%의 비율(중량비)인 혼합물의 융점(공용점)이 이 온도인 것이다.

거기까지는 가지 않아도 얼음덩어리 위에 식염을 소량 올려놓는 것만으로서 얼음이 녹아서 우묵하게 가라앉는 것이 보일 것이다. 즉 얼음과 소금의 혼합물은 섭씨영도에서는 아직 액체인 것이다. 이것을 활용하고 있는 것이 고속도로나 비행장 등의 동결방지이고 일본에서는 전적으로 염화칼슘을 뿌리고 있으나 외국에서는 값이 싸다는 이유도 있어서 전적으로 암염(岩鹽)을 뿌리고 있는 곳이 대부분이다.

요즘은 저온의 액체를 순환시키는 장치가 비교적 싼 값으로 입수할 수 있게 되었으나 예전에는 화학실험실 등에서도 영도 이하로 냉각하는 데 온갖 고생을 하였다. 얼음과 소금의 혼합물 이외에도 여러 가지 염류(鹽類)를 얼음과 섞어서 −20℃부터 −30℃ 정도의 냉욕(冷浴, Cold bath)을 만들어서 사용하였던 것이다.

조금 더 낮은 온도가 필요하게 되면 분쇄한 드라이아이스를 메탄올이나 아세톤 등의 유기용매와 혼합해서 보온병에 넣어 사용하는데 이 혼합물도 마찬가지로 「한제」라고 부르고 있다. 이들 드라이아이스 혼합물의 냉욕의 온도는 −70℃부터 −78℃ 정도가 된다.

더 저온이 필요하게 되면 저온용의 냉매(冷媒)로서 액체질소(77K, 즉 −196℃)나 액체수소(20K), 그리고 액체헬륨(4.2K) 등이 사용되나 이 순번대로 취급이 어렵게 되고 값이 비싸게 되기 때문에 고온초전도체(高溫超電導體)의 개발이 활발하게 진행되고 있다. 적어도 액체질소 정도의 온도에서 안정되게 장시간 사용될 수 있는 것이 있다면 전적으로 수입에 의존하고 있는 헬륨의 신세를 지지 않아도 여러 가지의 일이 가능하게 되기 때문에……. 값이 비싼 헬륨에 비하면 액체질소의 값은 대부분이 탱크 로리의 운임이라고 말할 수 있는 정도로 값이 싼 것이다.

방충제의 불가사의

14

?

응고점 강하

───── **일러두기** ─────

순수한 물질에 비하면 혼합물의 융점은 통상적으로 낮다. 물론 그 중에는 혼합물쪽이 높은 융점을 나타내는 것도 있으나 포괄적으로 보면 융점이 내려간다고 생각해도 틀림없다. 몇 백만이나 되는 화학물질 중에는 조금이라도 다른 물질이 섞이면 융점이 현저하게 저하(低下)하는 물질이 있다. 장뇌는 그 중에서도 유명한 것의 하나이다.

───── **준비물** ─────

○ 방충제 세 종류

나프탈렌

장뇌(樟腦)

파라졸(파라디클로로벤젠)
○ 뚜껑이 있는 투명한 유리병 3개

이러한 방법으로 한다!

어느 집에도 이 가운데에 두 종류 정도는 옷장이나 로커(locker) 속에 굴러다니고 있을 것으로 생각한다. 장뇌는 고급의 옷, 또는 인형의 방충용으로 되어버린 것 같아서 「렌털 의상족」(옷을 빌려서 입고다니는 족속)이라고 일컬어지는 신인(新人)들에게는 조금 인연(因緣)이 멀어졌는지도 모르나, 한 상자를 구입해도 그다지 비싼 것이 아니다.

작은 뚜껑이 있는 투명한 유리병을 세 개 정도 준비하자. 가급적 색깔이 없는 것이 좋으나 없으면 색깔이 있는 것도 상관없다.

장뇌도 나프탈렌도 파라졸도 둥근 정제(錠劑)모양이 많기 때문에 따로따로의 종이 위에서 잘게 분쇄한다. 분량은 1정(錠)분으로 충분할 것이다. 너무 가루로 하지 않아도 괜찮고 병의 주둥이로부터 안으로 들어갈 정도의 크기면 된다. 손가락 끝으로 분쇄해도 되는데 마음에 걸리면 나무망치 등으로 분쇄해도 괜찮다.

세 종류의 방충제를 각각 머리글자를 따서 C(장뇌), N(나프탈렌), P(파라졸)로 약기(略記)하도록 하자. 모두가 같은 백색의 결정이기 때문에 혼동되지 않도록 종이 위에 써놓는 것이 좋을 것이다.

앞에서 준비한 유리병에 상기 세 종류의 방충제의 분말 중에서 각각 두 종류(C와 N, N과 P, P와 C)를 집어넣고 뚜껑을 닫는다. 내용물이 어떤 조합(Combination)인가를 매직잉크로 유리에 써서 양지바른 곳에 놓아두기 바란다.

어떤 조합이든 어쩐지 표면이 축축해지는데 장뇌와 파라졸의 혼합물은 몇 분 지나면 액체가 생겨서 졸졸 흐르게 되어 버린다. 이 혼합물은 공융점(共融點)이 7℃ 정도이기 때문에 보통의 방에서는 무조건 액화(液化)가 일어난다. 지금까지는 성분으로서 두종류만의 혼합물을 만든 것이나 세종류를 섞어도 마찬가지로 액화가 일어난다. 즉 장뇌와 파라졸의 혼합물의 융점은 단독의 것보다도 두드러지게 낮은 것이다.

우리들은 방충제에 대해서는 고체로부터 직접 기체가 되는 성질, 즉 「승화성(昇華性)」이 있다는 것을 이용하고 있기 때문에 액체가 되어서 녹아 흐른다고 하는 것은 우선 없는 것으로 생각하고 있으나 조건에 따라서는 이와 같이 액체가 된다.

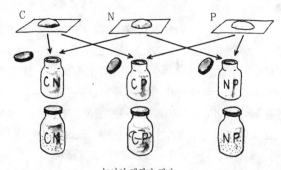

녹아서 액체가 된다.

액체가 된 방충제는 물과는 혼합되지 않으나 유성(油性)의 것은 잘 녹인다. 따라서 여러 가지 더럽혀진 때를 녹여 버려 몇 개월 동안 방치한 후에 증발해 버리면 때만이 기름얼룩으로 남게 된다.

옷장 등에 넣기 위한 방충제의 봉지나 상자에는 반드시 상기의 어떤 것인가가 명기되어 있고 「다른 것과 함께 사용하지 마십시요」라는 주의서가 있다. 그러나 함께 사용하면 어떻게 되는가를 적어놓은 것은 별로 없다.

현재 일본에서 사용되고 있는 방충제는 위에서도 적어 놓은 것과 같이 크게 나누어서 다음의 세 종류가 된다.

　　장뇌(樟腦, Camphor)

　　나프탈렌

　　파라졸(파라디클로로벤젠)

장뇌는 일본의 특산(特産)인 녹나무(camphor tree)의 성분으로서 약용으로 사용된 역사가 길며, 향료, 방충제 그리고 최초의 플라스틱이기도 한 셀룰로이드에 첨가하는 가소제(可塑劑)로서 넓은 용도를 가지고 있다. 경박단소(輕薄短小)의 세상에서는 별로 유행되지 않으나 예전에는 녹나무 옷장이 사이코쿠(西國)지방(일본의 규슈지방)에서는 흔히 사용되고 있었다. 오동나무의 옷장과는 달리 매우 중량감이 있는 것인데 목재 자체 속에는 원래 장뇌가 함유되어 있기 때문에 방충제가 필요없는 수납고(收納庫)였던 것이다.

장뇌나 나프탈렌, 파라졸의 어느 증기도 공기보다는 무겁다. 따라서 옷장에 넣을 때에는 가장 위의 서랍에 넣지 않고서는 효과가 적어진다.

방충제는 원래 옷장 속에서 액체가 되지 않고 기체가 되도록 하는 성질(승화성)을 갖고 있는 것이 선정되고 있으나 이와 같이 간단히 액화 되어 버리면 옷에 기름성분의 얼룩이 지거나 금은사(金

銀糸)나 박(箔) 등이 혼합되어 있는 부분이 변색하거나 하게 된다. 본래의 금사나 은사라면 문제가 없으나 요즘의 금은사는 대부분이 모조품이어서 알루미늄의 표면을 여러 가지 유기화합물의 얇은 막을 입힌 것이 사용되고 있는 경우가 많다. 따라서 방충제가 직접 박사(箔糸)에 닿게 하는 것은 안된다.

옛날(에도시대)에도 경선자〔京扇子, 일본 교토(京都)에서 만든 부채〕의 금색의 것은 은색부채에 잇꽃의 씨에서 짜낸 기름을 발라서 만들고 있었던 것 같다. 아무리 일본에서 금을 많이 캐어 냈다 하더라도 병풍이나 부채가 전부 진짜 금박만으로 할 수는 없었던 것이다.

이와 같은 유성(油性)의 액체가 상기 금속표면의 유기화합물과 접촉하면 원래 균일하게 붙어 있어서 선명한 색조를 나타내고 있던 것이 얼룩지게 녹아 나가기 때문에 까맣게 되거나 벗겨지거나 해서 볼품이 없게 되는 것은 알고 있을 것이다.

방충제를 옷장에 새로 넣을 때에는 내용물이 무엇인가를 인쇄한 포장지를 함께 넣어 둘 것을 권장한다. 이렇게 하면 다음부터 동일한 성분의 것을 넣을 수 있게 되니까 안전한 것이다. 몇 만 원이나 하는 값비싼 드레스가 옷장 속에 보관하고 있는 동안에 자신의 부주의 때문에 얼룩투성이가 되어 버린다고 하는 것은 아무리 보아도 칭찬받을 일이 못된다.

—— **조금 어려운 이야기** ————————

장뇌에 약간의 불순물을 섞었을 때의 융점이 내려가는 것은 불순물과 장뇌의 분자수(分子數)의 비율로 결정되는 것이다. 이것은 물이나 벤젠에 물질을 녹였을 때의 경우에도 마찬가지이다. 그러나 장뇌의 경우에는 이 내려가는 것이 현저하게 크기 때문에 반대로 분자량이 미지(未知)의 시료를 정확히 저울에 달아서 장뇌에 첨가하여 녹이고 얼마만큼 융점이 내려가는가를 측정하여 분자량을 결정할 수 있다. 이 방법을 「응고점 강하법」이라고 하는데 장뇌를 사용하는 경우는 특히 「라스트(last) 법」이라고 부르고 있다. 수험참고서 등에서 장뇌가 등장하는 것은 이 성질이 이용되고 있기 때문이다. 그러나 불순물의 양이 증가하여 10%의 자리수가 되면 융점이 내려가는 방법은 간단한 식(式)으로 나타낼 수 없게 되어 버리기 때문에 분자량을 구할 수 없게 된다.

나카간스케(中勘助)주)는 아니다

15

?

은수저

일러두기

어느 집의 부엌에도 몇 년 동안이나 사용해서 광택이 없어진 은 도금의 스푼이 몇 개씩이나 굴러다니고 있을 것이다. 옛날의 가정 주부라면 전용의 연마분(研磨粉)을 손가락에 묻혀서 느긋하게 더 럽혀진 때를 벗겼을 것이다. 요즘 여러 가지로 바빠진 부인들에게 는 상상도 할 수 없는 일일는지도 모른다. 스테인리스의 식기가 보 급된 것도 이 스푼의 때를 벗기는 데에 진절머리가 난 주부들의 현 명한 선택의 결과일 것이다.

삶은 달걀을 먹을 때 사용한 스푼의 표면이 거므스레하게 되는 것은 황화은 등의 불투명한 얇은 막이 표면에 생겨 있기 때문이다.

준비물

○ 식염(티스푼 하나 정도)
○ 때가 묻은 은도금의 스푼
○ 알루마이트로 만든 냄비(즉석 라면을 만들거나 할 때
   흔히 사용하는 것, 소위 한손잡이 냄비가 좋다)

이러한 방법으로 한다!

알루마이트의 냄비에 물을 넣고 가스레인지에 올려 놓아 물을 끓인다. 이 속에 식염을 티스푼으로 하나 정도(정확할 필요는 없다)를 넣고 녹인다.

까맣게 때가 묻은 은도금의 스푼을 가능하면 두 개 준비해서 하나는 곁에 두고 하나만을 식염이 녹아 있는 냄비의 뜨거운 물에 넣어서 끓어 넘치지 않도록 가스의 불꽃을 작게 하여 가열을 계속한다.

10분 정도 지나면 화상을 입지 않도록 젓가락으로 냄비 속의 스푼을 끄집어 내서 처리하지 않은 상태로 둔 별도의 스푼과 비교하여 보기 바란다. 상당히 흐림이 엷어졌을 것이다. 만족할 만한 정도로 깨끗이 되지 않았으면 다시 그 냄비에 옮겨서 가열처리를 반복

하기 바란다. 마지막으로 끄집어내면 물로 씻어서 둘 것(냄비도 잘 씻고 물기를 없애기 바란다. 그렇지 않으면 냄비가 빨리 상한다).

때가 묻은 10원짜리 동전도 마찬가지 방법으로 처리하면 까만 때가 없어져서 원래의 구리의 선명한 구리빛으로 되돌아온다. 그러나 이 경우 스푼의 은과는 달라서 10원짜리 동전(청동화)의 표면의 까만 때는 산화구리나 황화구리 등의 간단한 것은 아닌 것 같아서 주석의 황화물이나 손때나 흙먼지까지 섞여 있어 시간이 상당히 많이 걸린다. 피막이 얇은 곳부터 금속의 색깔이 되돌아오는 것을 알 수 있다. 10원짜리 동전 표면의 때의 막의 두께는 은도금 스푼의 때의 막보다도 훨씬 크기 때문에 손에 스쳐서 막이 얇아져 있는 주위 부분부터 제색깔이 되돌아온다.

그러나 일본에서는 화폐를 화학실험에 사용하는 것은 법률에 위배되는 것 같고 미국이나 기타의 여러 나라와는 매우 다르나 부착된 때를 벗겨서 원래의 상태로 하는 것까지는 금지되어 있지 않을 것이다.

연마분 등을 사용해서 때를 벗기는 것과는 달라서 전기화학적인 이 방법으로는 스푼이나 경화(硬貨)의 성분은 감소되지 않는다. 즉 인생의 거친 파도 속에서 원래 금속의 형태였던 것이 산화되어(전자를 빼앗겨서) 황화물이나 산화물 등의 형태로 변해 버린 것을 강제로 전자를 부여해서 원래의 상태로 회복시킬 뿐이다.

다만 10원짜리 동전의 때벗김은 이 방법으로서는 신품과 같은 광택까지는 여간해서 부활되는 것 같지 않다. 빤짝빤짝하는 10원짜리 동전으로 하려면 소스(sauce)로 문지르는 등 별도의 방법이 좋을 것이다.

이 실험에서는 냄비의 알루미늄과 스푼 표면의 은(또는 경화의 구리)과의 사이에서 전지(電池)가 생기기 때문에 알루미늄으로부터 전자가 이탈하여 은이나 구리쪽으로 이동하여 황화은이나 황화구리를 환원해서 원래의 금속은이나 금속구리의 형태로 변화시키는 것이다. 표면의 때는 양으로서는 매우 적은 것이나 물리적으로 연마분으로서 때를 벗기는 것은 여간 보통일이 아니고 요철(凹凸)이 많은 곳은 여간해서 잘 닦이지가 않는다. 이런 때에는 꼭 한 번이 화학적인 방법에 의한 때벗김을 시도해 보면 좋을 것으로 생각된다.

이와 같은 때벗김은 너무 성급하게 서둘러도 잘 되지 않는다. 따라서 가벼운 때라면 곧 깨끗해지나 중증(重症)의 것(때가 많이 묻은 것)은 몇 번씩이나 반복할 필요가 있다. 동화(銅貨)의 경우 표면 전체가 완전히 더럽혀진 매우 중증의 것으로서는 전자의 이동이 일어나기 어려우므로 전연 효과가 나타나지 않는 일도 있다.

알루마이트 냄비는 표면은 산화알루미늄의 얇은 막으로 보호되어 있기 때문에 열을 가해서 천천히 반응시키는 데 알맞은 것이다.

은의 표면은 공기중에 매우 적은 양이라도 황화수소나 유황의 증기가 있으면 황화은을 생성해서 검은색으로 변한다. 우리들 주변에는 석탄이나 도시가스, 달걀 등 제법 황화수소의 가스를 발생하는 것이 있고 단체(單體)의 유황도 목욕용제(沐浴用劑)나 화장품 등에 첨가되어 있기 때문에 공기가 들어가지 않도록 밀폐된 봉지에 들어가 있는 동안은 선명한 은색의 식기도 오랜동안에 거무스레하게 되어 소위「불에 그을린 은」의 색조를 띠게 된다.

집 안에서 석탄을 연료로 하여 오랜동안 사용하고 있으면 석탄으로부터 발생하는 황화수소(양으로서는 극히 적은 것이지만) 때문에 은그릇은 점점 거무스름하게 된다. 유럽 각지의 왕후귀족의 어전(御殿) 등에 소중히 간직해 둔 은그릇이 예외 없이 새까만 느낌이 드는 것은 이 난로로부터 발생하는 황화수소 때문에 표면이 그을러서 황화은의 막이 제법 두껍게 생겼기 때문일 것이다.

불상(佛像)이나 병풍 등의 문화재의 수복(修復)때에 금박이나 은박을 새로 칠했을 때 주위의 원래대로의 곳과는 너무나도 광택이 차이가 나서 눈에 띄는 것이 모양새가 좋지 않은 경우가 있다. 이럴 때 옛날에는 건조시킨 「쥐똥」을 화지(和紙)에 싸서 곁에 놓고 박의 표면이 거무스름해져서 옛날의 빛으로 되는 것을 기다렸던 것 같다. 즉 쥐똥에서 발생하는 황화수소의 작용을 이용한 것이다.

최근에는 긴자(銀座 : 도쿄의 번화한 거리의 이름) 주변에는 고양이보다 큰 거대한 쥐가 살고 있다고 하는데 보통의 가정에서는 쥐똥을 모으는 것도 큰 일이 되었다. 원래 그다지 깨끗하지도 않기 때문에 귀중한 문화재의 곁에 두는 것도 어쩐지 꺼림직한 것이다.

일본은 화산국(火山國)이기 때문에 깨끗한 유황화(硫黄華)를 입수하는 것이 훨씬 편하고 균일하게 피막을 만들어서 거무스름하게 하여 옛날의 빛이 되게 할 수도 있다. 실온 부근에서는 유황의 증기압은 매우 작기 때문에 공기중의 유황의 분자수는 극히 적을 것 같으나 오히려 황화은의 막을 균일하게 표면에 만들어지게 하기 때문에 편리한 것이다.

그러나 이 방법은 고미술품(古美術品)의 모조품(模造品)을 만드는 업자에게도 애용되고 있는 것 같고 좋은 일만은 아니다.

패러데이를 생각하면서

16 ?
양초

———— 일러두기 ————

양초의 불(촛불)은 보고 있는 것도 제법 재미있는 것이나 형광등의 전성(全盛)시대인 오늘날에는 진기(珍奇)한 것이 되었는지도 모른다.「불장난은 안돼!」라고 말하는 무서운 엄마가 있는 곳에서는 성냥이 안될 정도니까 하물며 양초 같은 것은 말도 안될 것이다. 예전의 양초는 가정에서는 전적으로 등롱(燈籠)과 불단(佛壇)의 등을 밝히는 것이 주된 용도이었으나 요즘은 생일케이크 위에 서있는 것을 보는 편이 훨씬 많아져 버렸다. 그 외에는 결혼식의 피로연때의「캔들 써비스(candle service)」정도일 것이다.

「납(蠟)」, 즉「왁스」라고 하면 고급지방산(탄소수가 큰 지방산)의 고급알코올의 에스테르이나 요즘의 양초는 파라핀에 스테아린산을 혼합한「스테아린 양초」가 대부분이다.

패러데이의 크리스마스 강연을 정리한 명저(名著)라고 일컬어지고 있는 『양초의 과학』은 이와나미 문고나 쓰노가와(角川) 문고에서 출판되고 있는데 조금 더 손쉽게 할 수 있는 양초를 사용한 실험을 하여 보자.

┌─ **준비물** ─────────────────────

○ 양초
○ 사포(砂布, sand paper)
○ 나무젓가락(사용하지 않은 것)
○ 녹슬은 못
○ 구리줄(銅線)
○ 밀감이나 오렌지 껍질
○ 성냥

└──────────────────────────────

--- **이러한 방법으로 한다!** ──────────

장식이 많이 붙은 것이나, 화려하게 채색된 「데커레이션 양초」는 아까우니까 서랍의 구석에서 굴러다니고 있는 먼지투성이의 양초도 괜찮다. 더러움이 마음에 걸리면 비눗물로 씻거나 물종이(wet tissue)로 닦으면 깨끗하게 된다.

약간 방을 어둡게 한 다음 양초에 불을 붙이고 불꽃 위에서 쇠못을 사포로 긁어보자. 불꽃의 바로 위는 고온이기 때문에 상당한 거리를 떼어서 하지 않으면 손에 화상을 입는다.

미세한 쇳가루가 떨어져서 불꽃에 들어가면「빠지지」하고 소리가 나고 불꽃이 튀기는 것을 볼 수 있다. 선향(線香)꽃불의 불꽃도 그 속에 쇳가루가 섞여 있기 때문이고 단순히 화약만으로서는 그와 같은 재미가 없는 것이다. 인스턴트 회로(懷爐:가슴, 배 등을 따뜻하게 하는 도구)나 탈산소제(脫酸素劑)의 주머니 속에도 쇳가루가 봉입(封入)되어 있는데 다 사용하고 난 뒤에도 쇳가루 전부가 산화되어 버린 것은 아니기 때문에 마찬가지로 불길 위로 떨어뜨리면 꽃불이 튀기는 것을 볼 수 있을 것이다(큰 덩어리가 되어 버린 것으로는 안될 것이다).

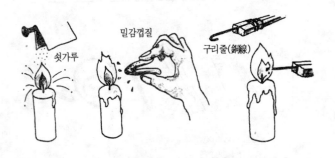

밀감이나 오렌지, 레몬 등의 감귤류의 껍질을 양초의 불꽃 옆에서 꺾으면 안에서 유분(油分)이 튀어나와 빠지지하고 소리를 내면서 연소하고 방향(芳香)이 난다. 이 기름은「리모넨(limonen)」이라고 하는 테르펜계의 탄화수소가 주로 되어 있다.

구리줄의 짧은 쪼가리는 어느 가정에도 굴러다니고 있다고 생각되는데 이것을 나무젓가락의 끝으로(위의 그림에서 나타낸 것과 같이) 끼워서 불꽃 속에 넣어 보자. 불꽃의 색깔이 녹색을 띠게 되는 것을 알 수 있다. 구리줄의 표면이 깨끗이 되면 점점 색깔이 없어진다.

즉 금속의 구리나 산화구리에는 휘발성이 없기 때문에 불꽃에 색깔을 나타나게 할 만큼의 구리의 원자를 공급할 수 없는 것이다.

이 구리줄을 불꽃으로부터 끄집어 내서 뜨거운 동안에 간장에라도 잠깐 담갔다가 다시 한 번 불꽃 속에 넣어 보자. 다시 녹색이 나타난다. 이것은 시료(試料)중의 할로겐 원소(염소나 브롬 등)의 존재를 검출하기 위한 시험법으로서「바일슈타인 테스트(Beilstein test)」라고 일컬어지고 있는 것이다.

시판하고 있는 방충제는 세 가지 종류가 있으나 이 바일슈타인 테스트로 불꽃에 색깔이 붙는 것은 파라졸(파라디클로로벤젠)뿐이기 때문에 어떤 종류의 것인지 모르게 되었을 때에는 이 방법으로 식별할 수가 있다(이 불꽃의 색을 보기 위해서는 양초의 불꽃보다도 부엌의 가스 레인지의 불꽃이 훨씬 좋을는지 모른다).

불꽃은 고온이기 때문에 이 속에서 여러 가지 화학반응이 일어나고 있다. 대부분이 산화반응인데 이때에 원소에 따라서는 특별한 불꽃색을 발생하는 것이 있고 이것으로 원소의 검출시험을 하거나(소위 불꽃 반응) 색깔이 선명한 쏘아올리는 꽃불에 이용하거나 한다. 양초의 불꽃에는 탄소입자가 많이 포함되어 있기 때문에 밝으나 위에 차가운 사기쪼가리를 떠받치고 있으면 물방울과 그을음이 묻는다.

그을음이 없는 불꽃을 만들기 위해서는 공기(산소)를 더 많이 보급해 주지 않으면 안된다. 그 대신 불꽃은 빛남이 없어져서 조명

(照明)용으로는 사용할 수 없게 되어 버린다. 가스레인지의 푸른불꽃은 완전연소에 가까운 조건에서 연소할 수 있도록 연료와 공기와의 혼합비를 가감(加減)하고 있기 때문이어서 만일 공기가 부족하면 양초와 마찬가지로 불그스레한 불꽃이 나타나게 되고 불완전연소로 그을음 투성이라고 하는 결과가 된다.

도시가스의 칼로리를 올렸을 때에 레인지나 난로가 예전 그대로이면 위험하다고 하여서 공기와의 혼합비를 조정하거나 또는 신품으로 교체하거나 하느라고 각지의 가스회사가 상당히 오랜 시간을 할애하였다. 애써서 칼로리를 올린 것도 예전 그대로의「버너」로는 전혀 효과를 발휘하지 않기 때문에 그 나름의 대책이 필요하였던 것이다.

실험실에서의 열원으로서 흔히 사용되는 분젠버너는 도시가스에 대한 공기의 혼합비를 바꿔서 거의 완전히 연소시킬 의도하에 만들어진 것이나 거의「색깔이 없는 불꽃」이 나오기 때문에 위의 착색한 불꽃의 검출에는 아주 적합한 것이다.

패러데이의『양초의 과학』안에는「멀리 일본으로부터 보내온 양초」가 등장한다. 패러데이는 메이지(明治) 원년(元年)에 작고한 사람이기 때문에 이것은 바로 다름아닌「에도」시대에 일본에서 만들어진 양초이다.

일본의 양초는 거먕옻나무나 옻나무에서 채취한「목랍(木蠟)」을 화지를 가늘게 꼰 종이끈을 심지로 하여 굳힌 것으로서 요즘의 면사(綿系)로 만든 심지와는 달리 연소해도 없어지지 않기 때문에 때때로 까맣게 된 심지를 잘라내지 않으면 안되었던 것이다. 그 때문에 특제의 가위까지도 만들어지고 있었던 것이다.

원래는 100돈짜리(375g) 양초라고 일컬어지는 아주 대형(大型)의 것이 보통이었으나 불단의 불밝힘이나 등롱(燈籠) 등에 사용할 수 있는 소형의 것이 만들어진 것은 에도시대말(末)이 되어서의 일이고 아사쿠사(淺草 : 도쿄에 있는 지명)에 있었던 고우간지(仰願寺)라고 하는 절의 주지스님이 발명한 것이라고 한다. 지금도 불밝힘을 위해서 쓰는 작은 양초를 「고우간지」라는 이름으로 부르는 일이 있는 것은 이 절의 이름을 본받고 있기 때문이라는 것이다.

또한 목랍은 진짜의 「납」이 아니고 야자유와 동일한 성분의 지방(팔미틴산의 글리세린·에스테르)이 주성분이다.

화학에너지와 전기에너지

17 **?**

전지를 만들자

일러두기

슈퍼마켓과 밀접한 관계에 있는 돈은 신용시대의 오늘날에도 역시 경화(硬貨, 코인)일 것이다. 맨 처음에는 코인을 사용한 실험이었던 볼타 전지를 만들어 보자.

일본에서는 미국 등과는 달리 통용되는 경화를 깍거나 구멍을 뚫거나 화학실험에 사용하거나 하는 것은 법률로 금지되어 있으나 조금만 시험용으로 사용하는 데에는 코인은 제법 편리한 것이다.

준비물

○ 구리판을 지름 2cm정도의 원판모양으로 재단한 것 3～ 4매(잠깐 해볼 것이면 10원짜리 동전으로 대용할 수도

있다).

○ 알루미늄박(없으면 1원짜리)

○ 꼬마전구(3볼트)와 소켓(피복구리선을 붙인 것. 가능하면 접속이 용이하도록 악어 클립을 붙여두면 좋다)

○ 커트면(棉)이나 티슈페이퍼

○ 식초

○ 물에 강한 접착제(욕실용 등)

○ 과자의 원통형의 플라스틱 케이스(10원짜리 동전이 그대로 들어가는 정도의 것. 필름용기는 약간 지름이 크기 때문에 실패하기 쉬우나 사용하지 못할 것은 아니다)

○ 너무 크지 않은 쇠못 2개

○ 플라스틱제 핀셋(금속제품은 사용하지 않는 것이 좋다).

──── **이러한 방법으로 한다 !** ─────────────

어느 가정의 부엌에도 알루미늄박이 있다고 생각한다. 이 알루미늄박을 50엔짜리 정도의 지름의 원형(円形)으로 재단하기 바란다.

3, 4장이라도 괜찮다.

화장용의 커트면(없으면 티슈페이퍼를 접은 것)을 마찬가지로 50엔짜리보다 조금 크게 잘라서 3, 4장 준비한다.

플라스틱케이스의 바닥보다 조금 위에 라이터불 등으로 뜨겁게 가열한 쇠못의 끝을 대고 밀어 넣는다. 이것이 한쪽의 전극(電極) 이 된다. 잘 뚫으면 물이 새지를 않을 것이나 확실히 하기 위해서 에폭시(epoxy) 계통의 접착제 등으로 고정시켜 두는 것이 좋을 것이다(처음부터 억지로 쇠못을 박아 넣으면 균열이 가서 깨지는 일이 있으니 뜨겁게 한 것으로 할 것을 권장한다).

커트면은 식초에 담갔다가 물방울이 떨어지지 않을 정도로 가볍게 짜서 둔다.

제일 아래에 알루미늄박을 놓고 그 위에 식초를 함유한 커트면을 올려놓고 다시 구리판(또는 10원짜리 동전)을 올려 놓는다. 이것이 전지의 1유니트(unit)에 해당한다. 이 위에 또 알루미늄박을 올려놓고 커트면, 구리판의 순서로 늘어 놓아간다. 이때에 가급적이면 손으로 직접 하지 않고 핀셋이나 젓가락을 사용하기 바란다. 3유니트분 정도가 들어가고 나면 윗편에도 마찬가지로 뜨겁게 가열한 쇠못으로 구멍을 뚫고 가득히 차면 여기에 쇠못을 관통시켜 움직이지 않도록 고정시킨다. 커트면끼리 접촉하지 않도록 주의하라.

꼬마전구 소켓으로부터의 구리줄의 끝에 클립을 붙여서 두고 이두 개의 쇠못에 연결하면 보기좋게 전구에 불이 켜질 것이다. 즉화학의 에너지가 전기에너지의 형태로 바뀐 것이 된다. 얼마 가지않아 꼬마전구의 불빛은 약해지나 클립을 떼었다가 잠시 후 다시연결하면 다시 점등(點燈)한다.

코인의 표면의 조건에 따라서는 3볼트의 꼬마전구는 전혀 점등하지 않는다는 독자로부터의 편지가 있었다. 이 경우에는 광(光)다

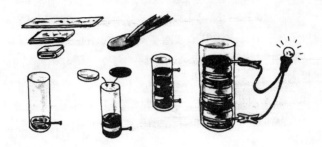

이오드(10~15mA 정도의 아주 적은 전류로 불이 켜진다)를 사용
하기 바란다. 다만 유니트의 수는 6~7조로 증가시키기 바란다.

　학교의 실험실 등의 안에 오랫동안 방치된 상태의 코인은 파손된
온도계나 기압계, 진공펌프 등으로부터 휘발한 수은증기가 여러해
동안에 표면에 약간이나마 입자(粒子)로 석출(析出)되어 있는 것
같아서 이와 같은 전지를 만들었을 때의 내부저항이 아주 낮아져
서 200mA 정도의 전류를 흘리는 것도 적지 않으나 보통 시중에
유통되고 있는 코인으로서는 조금 무리인 것 같다.

　식초 대신에 식염수로도, 명반수로도 마찬가지로 기전력(起電力)
이 생기나 설탕물이나 술로서는 거의 기전력이 나타나지 않을 것
이다.

　이것은 수용액중에서 이온이 움직이는 물질이 녹아 있지 않으면
전기가 생기지 않는 것을 의미한다. 식염(염화나트륨)이나 식초중
의 초산은 「전해질」(電解質)로서 이온을 생성하나 설탕이나 에탄올
은 물 속에서는 해리(解離)하여 이온을 만들지 않기 때문에 기전력
을 발생시킬 수 없는 것이다.

　이상적으로는 알루미늄과 구리로 전지를 만들었을 때 1유니트마

전퇴를 사용해서 물이 산소와 수소로 이루어져 있는 것을 확인한 것이다. 처음으로 칼륨이나 나트륨 등의 금속을 단리(單離)한 데이비도 마찬가지로 이 전퇴의 위력을 이용한 것이다.

볼타가 이탈리아를 방문한 나폴레옹 1세 앞에서 어전(御前)실험을 했을 때에는 이 유니트를 600조(!) 직렬(直列)로 연결하여 방전(放電)을 시켜 보였다는 것이다. 나폴레옹은 몹시 감격하여 볼타에게 작위[爵位：롬바르디아백(伯)]를 수여해서 귀족의 대우를 하였다.

오늘날 어느 학교에나 있는 유디오미터(eudiometer)를 발명한 것도 볼타이다. 그는 나폴레옹의 이집트 원정에 즈음하여 나일강(江)의 델타(삼각주) 등의 저습지(低濕地)에서 소기(沼氣：요즈음 식으로 말하면 메탄가스)가 발생하고 있는 곳은 위험하다고 하여 메탄의 검지(檢知)장치로서 피스톨형의 유리기구에 방전용의 전극을 붙이고 여기에 전퇴로부터의 전기로서 스파크를 시키도록 한 것을 고안하였다. 이상스러운 기포(氣泡)가 끓어오르는 곳에서 기체를 포집하여 전퇴의 전기로 방전시켜서 「펑」하고 폭발할 것 같으면 메탄가스니까 대피하도록 병사들을 교육시켰으나 실제의 전쟁터에서는 어느 정도 효과가 있었는지는 알 수가 없다.

깨끗이 씻은 동화(銅貨)와 알루미늄화(貨)를 함께 포개서 혀에 올려놓아 보면 이상한 맛이 난다. 이것은 타액(唾液)이 전해질 용액이기 때문에 혀의 미각신경이 전기충격(?)을 받기 때문인 것 같고 소위 금속의 기운도 이와 같은 전위차를 검지하고 있는 것이라고 한다. 단독의 금속 이온만으로도 미각신경을 자극하기도 하는데 여기에 다시 전기적인 자극이 가세하면 「이상한」이라고 밖에는 형용할 수 없는 감각이 되는 것이다(아연의 이온이 부족하면 미각신경이 쇠퇴한다고 하는 임상결과도 보고되어 있는 것 같으나).

깨끗이 씻은 동화(銅貨)와 알루미늄화(貨)를 함께 포개서 혀에 올려놓아 보면 이상한 맛이 난다. 이것은 타액(唾液)이 전해질 용액이기 때문에 혀의 미각신경이 전기충격(?)을 받기 때문인 것 같고 소위 금속의 기운도 이와 같은 전위차를 검지하고 있는 것이라고 한다. 단독의 금속 이온만으로도 미각신경을 자극하기도 하는데 여기에 다시 전기적인 자극이 가세하면 「이상한」이라고 밖에는 형용할 수 없는 감각이 되는 것이다(아연의 이온이 부족하면 미각신경이 쇠퇴한다고 하는 임상결과도 보고되어 있는 것 같으나).

틀니를 하고 있는 노인들이 어쩐지 음식의 맛이 변하고 있는 것 같다고 말하는 것도 이와 같은 전기화학적인 원인에 의한 것인지도 모른다. 일본에서는 금속제의 젓가락을 사용하는 풍습은 별로 없으나 은젓가락이나 놋쇠의 밥그릇을 사용하고 있는 곳에서는 전지와 꼭같은 반응이 일어나고 있을 가능성도 있다.

옛부터의 자연식품의 지혜

18 ?

두부를 만들자

── **일러두기** ──

요즘 「자연식품」 붐(boom)인가 무언가 하여 옛날그대로의 독특한 식품이 다시 새롭게 인식되는 것 같은데 밭의 쇠고기라고까지 불리고 있는 콩으로부터 된장, 간장, 유바(湯葉, 豆腐皮)[주13], 기타 여러 가지 영양식품을 만들었던 선인들의 지혜는 오늘날의 「바이오테크놀러지(Biotechnology)」산업의 튼튼한 기초가 되고 있는 것이다. 미생물의 도움으로 된 식품류가 많기 때문이다.

발효식품은 아니나 두부도 원료만 있으면 자기가 만들어 볼 수 있다. 최근에는 두부를 만드는 키트도 자연식품 코너에서 살 수 있게 되었으나 자기의 손으로 콩을 가지고 만들어 보는 것도 나쁘지는 않을 것이다.

준비물

○ 콩(대두) 50g

○ 황산마그네슘(응고제)

○ 쥬스나 우유의 종이팩(1 ℓ 나 1.5 ℓ 들이의 것, 없으면
  두부가 들어 있었던 플라스틱케이스도 좋다)

○ 표백된 면포

○ 냄비

○ 믹서

○ 소쿠리

○ 주걱

○ 사발, 컵

──── **이러한 방법으로 한다 !** ────────────

어느 가정에도 있다고 생각하는데 비어있는 1 ℓ 들이 쥬스나 우
유의 사각 종이팩을 잘 씻어서 바닥에서 5～6㎝ 높이에서 가로로
자르고 이 안쪽에 표백된 면포를 펴서 깔아둔다. 상자에는 커터나
이프로 지름 2㎝ 정도의 구멍을 뚫어둔다.

콩을 원료로 해서 두유(豆乳)를 만든다. 씻어서 티나 먼지를 제

거한 콩 50g을 유리컵 한 잔(200㎖)의 물에 24시간(여름 같으면 13시간 정도로도 가능할 것이다) 동안 담가서 잘 불린 다음 물기를 빼고 믹서에 옮겨서 분쇄한다. 이것을 냄비에 옮겨서 다시 300 ㎖의 물을 가한 후 가열하여 끓인다. 끓어 넘치기 쉽기 때문에 5~6분간 끓으면 일단 불을 끄고 잠시 후 다시 한 번 가열을 반복해서 끓인 다음 불에서 내린다. 소쿠리에 표백된 면포를 펴서 사발 위에 올려놓고 되도록이면 따뜻할 때에 여과한다. 식으면 여간해서 전부가 천을 통과하지 않기 때문에 나머지는 꽉 짠다〔정식의 제법에서는 이 공정에서 다시 한 번 더 고운 천(수낭(水囊))으로 여과하는데 여기서는 거기까지 하지 않아도 될 것이다〕. 사발 속에 두유(豆乳)가 괴는데 천에 남은 것이 「비지」다.

비지는 섬유질도 풍부하여 다이어트 식품으로 훌륭할 것이나 최근에는 이와 같은 요리에 시간이 걸리는 것은 경원되는 경향이 있는 것 같다.

두유를 별도의 냄비에 넣어서 70도에서 90도로(끓지 않도록 주의하여) 천천히 가열한다. 만일 가능하다면 냄비를 이중으로 해서 뜨거운 물로 간접적으로 가열하는 것이 실패하지 않으나 이렇게 하지 않아도 이 실험의 경우면 괜찮을 것이다. 끓어 넘치지 않도록 휘저으면서 몇 분 동안 가열한다. 가열을 멈추고 5%의 황산마그네슘 수용액 20㎖를 가하고 천천히 휘저은 다음 몇 분 동안 방치하면 굳어진다. 응고제의 양은 최초의 콩의 양의 2%에서 3% 정도가 표준으로 되어 있는 것 같다.

굳어져가고 있는 두유를 준비해 둔 종이팩에 넣어 위에도 천을 덮는다(표백된 면포의 치수가 크면 가장자리 부분을 접어서 겹쳐도 좋을 것이다). 안에서 물이 나오기 때문에 팩을 사발이나 대접 속에서 넣기 바란다. 물이 들은 컵(200㎖ 정도)을 준비하여 위에 올려 놓아 누름돌로 한다. 20분에서 30분 정도면 처리되기 때문에 누름돌로 이용한 물이 들은 컵을 들어내고 종이팩에서 천(布)채로 살짝 뽑아내어 물에 옮겨서, 물 속에서 두부와 천을 분리한다. 이것으로 면포로 짜낸 두부가 완성되었다. 다음으로는 두부가 부서지지 않도록 살짝 물에서 건져내면 된다.

응고제를 넣는다

여기서 그릇에 표백된 면포를 깔지 않고 위에서 누름돌도 올려 놓지 않고 그대로 안에서 굳히면 「연두부」가 만들어지는 것이다.

자기가 만든 두부니까 먹기 바란다. 콩으로부터 만드는 것이 번거로운 경우면 대도시에서는 무리일는지도 모르나 시판되는 원두유(原豆乳 : 음료용의 팩에 들은 것은 유화제 등이 들어가 있어서 응고제를 넣어도 두부가 되지 않는다)가 입수되면 이것을 원료로 하여 마찬가지로 실험할 수 있다.

시판되는 수제(手製)용 두부의 키트는 두유를 진공건조한 것과 응고제로서의 글루코노텔타락톤이 세트로 되어 있다. 이 진공건조한 두유의 가루를 뜨거운 물로 풀면 바로 비지를 제거한 후의 단계가 되기 때문에 그 뒤의 공정은 마찬가지로 가열해서 응고제를 가하고 틀에 넣는 순서를 밟으면 보통 두부든 연두부든 희망하는 대로 두부를 만들 수 있다.

두부는 콩의 단백질을 칼슘이나 마그네슘 이온의 작용에 의해서 응고시킨 것이다. 무게로 따지면 95%가 물이다. 이것은 곤약이나 한천도 마찬가지이다. 응고제로서는 옛날부터 「고즙(苦汁)」이 사용되어 왔다. 이것은 조제(粗製)의 바다소금(조염)을 특별한 바닥이 깊은 소쿠리에 넣어서 원래 바다소금에 함유되어 있는 염화마그네슘분이 공기중의 수분을 흡수하여 조해(潮解)하여 방울이 되어서 떨어지는 것을 모은 것이었다.

요즘의 이온교환 제염법에 의한 식염에는 거의 마그네슘분이 함유되어 있지 않기 때문에 장마철에도 뚝뚝 방울이 떨어지는 일은 없어졌으나 옛날에는 전부 이 조해성이 있는 소금을 사용한 것이다.

오키나와(沖繩) 현(縣)에서는 2차 대전 후의 복귀까지 옛날방식의 제염법이 채용되고 있었기 때문에 각 가정에서 각각의 맛이 나는 두부를 만드는 것이 관습이었던 것 같으나 전매공사가 순도가 높은 식염을 공급하게 된 후부터는 두부가 굳어지지 않아 주부들이 매우 곤혹스러웠다고 한다.

옹고제로서는 마그네슘염 이외에 황산칼슘(석고)의 포화용액을 사용하는 일도 있다. 이것은 메이지시대 말경(末頃)부터 시작된 것인데 그 시초는 올리자닌(비타민 B₁)의 발견으로 유명한 스즈키 우메타로(鈴木梅太郎) 선생이 일본사람은 자칫 칼슘부족이 되기 쉽다고 하여 권장한 것이 시작이라고 한다. 요즘은 다른 옹고제(글루코노락톤)도 사용되고 있는 것 같다.

「연두부」는 별도로 상기 표백된 면포 대신에 명주포를 사용하고 있는 것은 아니다. 보통의 두부를 옹고시키는 것은 물을 빼는 구멍이 뚫린 나무틀 속에 면포(여과포)를 깔고 하나, 구멍이 없는 나무틀 속에서 살짝 조용히 옹고시킨 것이 「연두부」인 것이다. 따라서 앞에서도 말한 바와 같이 동일한 두유로부터 간단히 보통 두부도 연두부도 만들 수 있는 것이다.

슈퍼마켓에 진열되어 있는 「팩」에 들은 두부에 「연두부」가 많은 것은 부서지기 쉽다고 생각하면 대단한 일로 여겨지나 나무틀에 넣어서 나중에 자르는 대신에 처음부터 플라스틱 케이스 속에서 옹고시켜 버리면 훨씬 간단해지기 때문이다.

옛날부터 사람을 야단칠 때 「두부의 모서리에 머리를 부딪쳐서 죽어버려!」 등이라고 말하였는데 두부에 각(角)이 생기는 것은 틀이 사각(四角)이기 때문이어서 상기 연두부를 만드는 방법이라면 용기에 따라서 원통형의 것도 구형(球形)의 것도 자유자재로 만들 수 있기 때문에 그렇게 하는 동안에 사어(死語)가 되어 버릴는지도 모른다. 실제로 원통모양의 팩에 들은 두부도 팔리고 있으니까.

가요 쇼의 물보라

19

드라이아이스

───── 일러두기 ─────────────

아이스크림이나 냉동식품을 살 때 서비스로 드라이아이스가 따라나오는 일이 있다. 이것은 이산화탄소가 고체로 된 것이고 액체가 되지 않고 직접 기체의 이산화탄소(탄산가스)로 변화하여 버린다. 이것도.여러 가지 실험의 자료로 사용된다. 드라이아이스는 원래는 「미원」이라든가 「매직잉크」, 「셀로판 테이프」와 같은 상품명이나 요즘은 누구도 특정의 메이커의 것을 가리킨다고는 생각하고 있지 않을 정도로 보급되어 버렸다.

┌─── 준비물 ──────────────────
│
│ ○ 드라이아이스
│ ○ 폴리백(우산용)

○ 성냥
○ 작은 양초

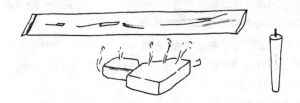

───── **이러한 방법으로 한다!** ─────────────

비오는 날 슈퍼마켓의 입구에 가면 우산을 넣어서 물방울이 떨어지지 않도록 하기 위한 폴리에틸렌으로 만든 가늘고 긴 봉지가 놓여 있다. 이것을 조금 여분으로 얻어오기 바란다.

이 속에 엄지손가락 반 정도의 드라이아이스의 작은 덩어리를 종이(신문지도 괜찮다)에 싸서 넣어본다. 처음에는 될 수 있는 대로 공기를 내몰아서 납작하게 해둔다. 만일 가능하면 봉지의 끝을 종이말대(화장지 말대가 꼭 알맞은 크기이나 랩이나 알루미늄포일의 말대도 괜찮다)에 감고 셀로판테이프로 고정시켜두면 편리하다.

봉지 주둥이를 고리고무줄로 묶고 자연히 기화하는 것을 기다려 보자. 종이로 싸는 것은 차가운 드라이아이스가 직접 폴리에틸렌에 접촉하면 국부적으로 지나치게 냉각되어 플라스틱이 무르게 되어 찢어질 가능성이 있기 때문이다.

혹시 준비된 것이 있으면 그림과 같이 유리관을 관통시킨 고무마개로 주둥이를 막아놓고 유리관의 끝에 가느다란 고무튜브를 끼우고 빨래집게로 봉해 두는 것이 여러 가지의 실험을 할 수 있다.

폴리백은 볼수록 부풀어 오른다. 고체에 비하면 기체의 부피는 정말 크다는 것을 알 수 있는 것이다. 드라이아이스의 비중은 약 1.5이어서 물보다도 크나 기체상태에서는 1리터 정도로서 1.8그램에 해당되기 때문에 엄지손가락의 반 정도의 크기로서도 전부 기화하면 대단한 양이 된다. 너무 큰 덩어리를 사용하면 압력이 지나치게 올라가서 파열될 가능성이 있기 때문에 그 때에는 주둥이를 느슨하게 하기 바란다.

깊숙한 재털이에 성냥불을 2 ～ 3개비 켜서 태우고 성냥불의 불꽃이 올라가고 있는 쪽에 폴리백의 주둥이를 향하게 하여 내용물을 밀어내면 재미있게도 불이 꺼질 것이다. 즉「탄산가스 소화기」와 동일하다. 이것은 촛불에도 마찬가지이다.

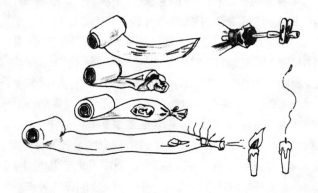

테이블 위에 접시나 대접을 놓고 이 속에 알몸의 드라이아이스의 쪼가리를 놓은 다음 조금 많은 미지근한 물을 부어 본다. 어마

어마한 양의 물보라가 생겨서 그릇으로부터 무럭무럭 솟아난다.

드라이아이스에서 나오는 물보라니까 차가울 것이라고 생각하고 있는 사람도 적지 않으나 만져보면 아는 바와 같이 전연 차갑지 않다. 인기가수가 노래부르고 있는 무대의 바닥을 화려하게 덮고 있는 물보라도 드라이아이스를 특수한 기계로 대규모로 발생토록 한 것뿐이어서 아마 무대가 끝나면 가수의 의상의 깃이 축축해져 있을 것이다(그래서 저렇게 늘 옷을 갈아입는지도 모른다).

물보라가 솟아있는 곳에 물을 가득히 채운 유리컵을 거꾸로 해서 덮어 보자.

순식간에 컵 속은 흰 연기로 가득차고 수면이 점점 내려간다. 즉 이산화탄소를 수상치환(水上置換)으로 모은 것이 된다.

이산화탄소는 물에 녹는다 해도 그렇게 대량으로 용해하는 것은 아니다. 거껏해야 같은 부피, 즉 1리터의 물에 녹는 이산화탄소 기체의 부피도 1리터 정도(실온 부근에서)인 것이다. 따라서 수소나 헬륨에 비하면 잘 녹는 편이지만 암모니아나 염화수소에 비하면 용해도는 상당히 작은 것이다. 고체에 비해서 기체의 부피는 상대가 안될 정도로 크기 때문에 바로 포화되어 버려 부글부글 거품이 나게 된다.

양동이 안에 드라이아이스를 넣어서 잠시 두고 이 위에 비눗방울을 불어서 떨어뜨려 보자. 공기쪽이 이산화탄소보다 가볍기 때문에 양동이의 바닥쪽으로 이산화탄소가 괴고 점점 위쪽까지 올라온다. 보통의 공기가 들어있는 비눗방울은 이 이산화탄소의 속까지는 들어갈 수 없기 때문에 바닥까지는 가라앉지 않고 도중에서 옆으로 움직이게 될 것이다. 바닥에 고여 있는 이산화탄소의 층이 점점 두꺼워지면 비눗방울은 위쪽으로 올라온다. 보통의 양동이의 용적은 5 ~ 10리터 정도인데 이것을 가득 채우기 위해서는 눈대중으로도 10그램 정도가 필요하다.

이 양동이의 위에서 불을 붙인 성냥을 떨어뜨려 보자. 비눗방울이 떠 있는 곳까지 떨어지면 성냥불이 꺼져 버리는 것을 알 수 있다.

동굴의 탐험이라든가 낡은 우물의 바닥을 검사할 때 양초에 불을 붙여서 내려보아 불이 꺼지지 않는 것을 확인한 후에 사람이 들어가도록 되어 있는 것은 불이 타지 않는 상태, 즉 산소가 없는 상태에서는 사람도 살 수 없기 때문이다. 땅 속의 공간에는 공기보다 무거운 이산화탄소가 괴기 쉽기 때문에 무심코 준비없이 들어가면 모든 것이 끝장이 날 수도 있기 때문이다.

그림과 같이 작은 양초에 불을 붙여서 양동이 안에 천천히 내려본다. 즉 동굴탐험의 축소판이다. 산소의 공급이 없어지는 곳에 오면 불이 꺼져 버리는 것을 알 수 있다. 이것은 성냥불을 떨어뜨리는 것보다 천천히 할 수 있기 때문에 이산화탄소의 층의 두께를 아는 데에는 이 편이 좋을는지도 모른다.

사이다 등의 「탄산음료」는 몇 기압의 압력을 걸어서 이산화탄소를 용해시켜 넣은 것이기 때문에 상기 드라이아이스를 물에 던져 넣는 것만으로는 탄산음료가 될 수 없는 것이다. 즉 이 때의 압력은 기껏해야 1기압밖에는 되지 않는다. 그렇다면 밀봉을 할 수 있는 용기이면 가능하겠느냐가 되겠는데 신문에도 여러 번 부상을 입었다고 하는 사고의 기사가 있었던 바와 같이 약간의 가압조건으로도 초심자가 하게 되면 매우 높은 확률로 폭발이 일어나기 쉬운 것이다. 따라서 드라이아이스가 있다고 해서 아무런 힘도 들이지 않고 사이다를 만들 수 있는 것은 아니다. 작은 가스봄베를 사용하는 소다사이펀이라도 사용하면 어떻게든 될 것이다.

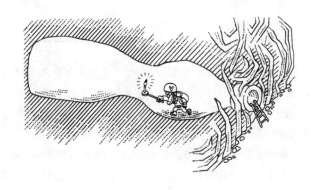

가까이 있는 고순도 금속

20

?

알루미늄박

―――― 일러두기 ――――――――――――――

우리들의 주변에 있는 것으로서 각별히 순도가 높은 것은 식염과 알루미늄박(foil)이 아닐까. 알루미늄박의 순도는 99.9%보다도 더 높을 것이어서 진한 알칼리에 녹여도 거의 불용물(不溶物)은 남지 않는다.

매우 열전도성이 좋기 때문에 성냥불로 가열한 정도로서는 열이 주위에 점점 전달되어서 곧 들고 있지 못할 정도로 뜨거워지나 여간해서 녹아 흐르거나 구멍이 뚫리거나 하지는 않는다. 약간의 기교를 이용해서 둥근 구멍을 뚫어 보자.

―――― 준비물 ――――――――――――――

○ 알루미늄 포일

○ 성냥

─── **이러한 방법으로 한다!** ───

키친 포일(Kitchen foil) 등 시판되는 알루미늄 포일을 10cm각 (角) 정도로 잘라서 놓는다.

성냥개비 하나를 그 위에 놓고 성냥개비가 구르지 않도록 끝을 손가락으로 눌러둔다. 경솔한 사람은 셀로판 테이프로 고정시켜도 좋을 것이다.

별개의 성냥으로 불을 켜서 포일의 반대측으로부터 위에 올려놓은 성냥의 알부분에 접근시켜 본다.

열전도가 좋기 때문에 순간적으로 위의 성냥에 불이 붙고 양쪽의 성냥의 연소열로 알루미늄이 녹아서 둥근 구멍이 뚫린다. 발열양이 크면 전도로 열을 주위로 운반하여 냉각하는 공정이 미처 따라가지 못하는 것이다. 이 때 큰 불길이 올라갈지도 모르나 불면 바로 꺼진다. 열전도가 너무 좋아서, 이 상태에서는 알루미늄이 훨훨 타버릴 가능성은 적은 것이다.

금속은 연소되지 않는 것으로 옛날부터 이해되고 있다. 그러나 귀금속 이외의 금속은 정도의 차이는 있으나 산환되기 때문에 상기 알루미늄도 온도가 높아지면 타버리는 것은 섬광(閃光)전구〔플래시 램프, 옛날 같으면 카메라의 부속물이었으나 요즘은 인화(印畵)놀이 등의 원판 만드는 데에 사용하는 편이 많을지도 모른다〕속에 알루미늄과 산소가 봉입(封入)되어 있는 것으로도 알 수 있을 것이다.

──── 다시 일러두기────

알루미늄의 표면은 매우 얇은 산화알루미늄의 피막으로 덮여 있기 때문에 식초 등이 묻은 정도로는 바로 녹는 일은 없다. 염산에 담근 정도로도 바로 수소를 발생시키면서 녹는 일도 없다. 이와 같은 상태의 것을 부동태(不働態)이다라고 말한다. 스테인리스강(鋼) 등은 부동태의 전형인데 표면에 얇은 내식성의 막이 생기면 부동태가 되기 쉬운 것이다.

──── 준비물────

○ 알루미늄 포일
○ 염산(화장실 청소용의 것)
○ 금속구리의 쪼가리(없으면 10원짜리 동전으로도 급한 대로 쓸 수 있다)

—— 이러한 방법으로 한다 ! ——————————

앞에서와 마찬가지로 알루미늄 포일을 10㎝각으로 자르고 이것을 꾸겨서 둥글게 뭉친다. 그리고 이것을 컵 속에 넣는다.

이 실험에서는 가령 묽다하더라도 산의 비말(飛沫)이 튀길 가능성이 있기 때문에 보안경(保眼鏡)을 쓰고 손은 즉각 비눗물로 씻을 수 있도록 준비를 한 다음에 시작하기 바란다. 바로 처치를 안하면 한참 있다가 욱씬욱씬 아프거나 가렵게 된 후에는 이미 때가 늦은 것이다.

화장실 청소용으로 사용하는 염산은 대체로 농도가 8% 정도이기 때문에 이 염산을 병에 딸린 마개에 하나 가득 따라서 상기 컵에 넣는다. 마개가 없이 직접 분출시키도록 되어 있는 것도 있으나 이런 때에는 티스푼 하나 정도면 될 것이다. 염산은 금속을 침식하기 때문에 플라스틱제의 스푼이면 칭량(秤量)하여도 되나 아무리 스테인리스제품일지라도 티스푼으로 양을 재는 것은 안된다.

지금의 단계에서는 거의 기포(氣泡)가 나지 않을 것이나 여기에 구리판 쪼가리(없으면 10원짜리 동전으로도 대용이 된다)를 넣어 보자. 지금까지 종용하던 용액으로부터 즉각 미세한 거품이 맹렬히 일기 시작한다. 이 거품은 수소인 것이다. 알루미늄이 염산에 용해되어 수소가 나오는 것인데 자세히 보면 거품은 알루미늄 표면으로부터는 거의 발생하고 있지 않다. 전부 구리의 표면에서 맹렬히 나오고 있는 것이다.

액량(液量)을 증가시키면 알루미늄 포일은 떠 버리나 구리판은 무겁기 때문에 가라앉은 상태대로 있게 되고 알루미늄과 구리의 접촉이 없어지면 수소의 발생도 멈춰 버린다. 금속으로 만든 스푼, 또는 쇠못 등으로 양쪽 사이에 전류가 흐르도록 해주면 다시 수소의 발생이 시작된다.

폴리에틸렌제의 우산봉지 속에서 작은 용기로 수소를 발생시켜 풍선을 만드는 것도 가능할 것이나 수소 가스는 플라스틱을 투과(透過)하기 쉽기 때문에 조금 만족스럽게는 부풀어 오르지는 않을 것이라고 생각한다.

많은 금속은 산에 녹아서 수소를 발생하는데 알칼리에 용해되는 것이 있다는 것은 종류가 적다는 이유도 있어 그다지 알려져 있지 않다. 알루미늄은 이 종류가 적은 알칼리수용액에 용해하는 금속의 하나이다. 따라서 알칼리의 수용액에 계면활성제를 첨가하여 알루미늄을 용해시켜도 마찬가지로 비눗방울을 만들 수 있을 것이나 상당히 진한 수산화나트륨이나 수산화칼륨의 수용액이 필요하기 때문에 초심자가 취급하기에는 약간 위험이 따른다. 여하튼 강알칼리는 부주의로 눈에라도 들어가면 실명(失明)의 위험성이 있기 때문에 비눗방울이 얼굴 곁에서 파열되면 큰 일이 난다. 피부에 묻었을 때의 처리는 산보다도 알칼리수용액의 경우가 훨씬 어려운 것이다.

수소는 가연성의 가스로서 산소나 공기와의 혼합물이 부주의로 인화되면 폭발의 원인이 되기 때문에 부근에 담배불이라든가 기타의 화기(火氣)가 있는 곳에서는 이 실험은 하지 않기 바란다.

─── **안전대책도 고려하자** ────────

국민학교나 중학교에서 수소를 사용하는 실험에서 사고가 많은 것은 성급한 선생이 아직도 플라스크 속으로부터 공기를 충분히 내쫓지 않은 상태에서 갑자기 성냥불을 켜 버리기 때문이다. 대체로 수소가스에 불을 붙여 보는 것은 그다지 화학적인 의미가 있다고 생각되지는 않으나…….

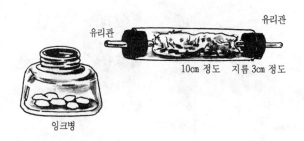

유리관   유리관

10cm 정도   지름 3cm 정도

잉크병

오사카(大阪)의 시조나와데(四條畷) 여자 단기대학의 나카니시 게이지(中西啓二) 교수가 큰 플라스크 대신에 잉크병을 사용해서 그 속에 아연과 묽은 황산을 주둥이 가까이까지 가득 넣으면 남아 있는 공기의 양이 훨씬 적기 때문에 더 안전하다는 보고를 하고 있다. 또 여기에 부가(附加)해서 더 효력이 있는 대책으로서는 위의 그림과 같은 두꺼운 유리관에 유리섬유(glass wool)나 스틸 울

(steel wool)을 느슨하게 채워서 만든 「방폭관(防爆管)」을 중간에
접속시켜 두는 것만으로도 사고의 위험성이 현저하게 감소되는 것
이다. 참으로 간단한 일이니까 귀찮다 하지 말고 이 두 가지 수단
을 취하기만 하면 사고는 현저하게 감소될 것이다.

──── **일러두기** ────────────

여름의 시원한 맛이 넘치는 음식으로서 젤리나 한천과 같은 종류는 우선은 불가결한 것의 하나일 것이다. 재료도 간단히 입수되기 때문에 별로「화학실험」이라고는 의식하지 않고 만들고 있는 사람도 많을 것으로 생각한다.

슈퍼마켓에 진열되어 있는「젤리의 원료」를 보면 두 가지 종류가 있음을 인지하였을 것으로 생각한다. 이것을 각각 한 상자씩을 사오자.

─────────────────────

┌──── **준비물** ─────────────────

　○ 젤리의 원료,「젤라틴계의 것」과「해조(海藻) 추출물계
　　의 것」각각 한 상자

○ 파인애플이나 키위, 파파이아 등의 과일

── 이러한 방법으로 한다 ! ──

젤리를 만드는 것은 예전에는 매우 번거로웠다. 젤라틴을 중탕(重湯)으로 녹이고 위에 뜨는 「거친 것」을 퍼내서 불용분(不溶分)을 여과한 후 설탕이나 시럽을 넣어서……등의 시간이 걸렸던 것이다. 그러나 요즘은 젤라틴의 순도도 좋아졌기 때문에 조작이 한결 편하게 되었다.

각각의 상자에는 만드는 방법이 적혀 있기 때문에 그 지시대로하면 틀림없이 깨끗한 젤리가 완성된다. 젤라틴의 젤리의 경우이면 직접 불에 올려놓지 않고 사발에 뜨거운 물을 따르고 그 속에서 교반하게 된다. 너무 지나치게 온도가 올라가면 잘 되지 않는다.

「해조추출물」 등이라고 어마어마한 이름으로 적혀 있는 것은 대부분은 노르웨이산(産)의 서양홍조(紅藻 : 별명을 Irish moss라고 하는 것 같으나 원예점에서는 전혀 별개의 「Irish moss」라고 하는 이끼를 팔고 있다)로부터 채취한 한천과 아주 흡사한 분자구조의 「카라기난」이라고 하는 다당류(多糖類)이다. 한천을 사용하고 있는 것도 있으나 이 실험의 경우에는 어느쪽이나 한천과 마찬가지로 다루어도 상관없을 것이다. 한천이든 카라기난이든 한번 짧은 시간이라도 끓여서 내부에 기포가 남지 않도록 하면 투명도가 높은 깨끗한 젤리가 만들어지는 것이다.

젤리의 형틀에 옮겨서 굳히는 데 냉장고에 넣는 편이 좋을 것이다. 형틀이 없으면 유리컵도 좋으나 이때에는 깨지면 안되기 때문에 조금 식혀서 붓는다.

젤리가 굳어지면 각각의 젤리 위에 조리(調理)되지 않은 파인애플 쪼가리나 얇게 썰은 키위를 올려놓고 잠시(10분 정도) 두어 보자.

젤라틴으로 만든 젤리는 파인애플이나 키위의 주위가 녹아버리고 점점 속으로 가라앉는 것을 알 수 있을 것이다. 그대로 줄곧 방치하면 얼마 안있어 전부 액체가 되어 버리고 다시 한 번 냉장고에 집어 넣어도 굳어지지 않는다.

이에 반해서 한천이나 카라기난으로 만든 젤리는 전혀 변화가 없다.

젤라틴의 젤리가 녹았다고 해서 아주 먹을 수 없게 된 것은 아니니까 전부 녹아 버리기 전에 먹기 바란다.

파인애플
젤리가 녹는다
한천젤리

이와 같은 차이가 생기는 것은 젤라틴은 원래가 단백질이기 때문에 단백질을 분해하는 효소(프로테아제)를 함유하고 있는 파인애플이나 파파이아, 키위 등의 작용으로 작은 분자로 파괴되어 버려 대량의 물을 품고 있는 젤(gel) 구조가 파괴되어 버리기 때문이다. 한번 가열처리를 한 과일에서는 효소는 분해 또는 활성을 잃어 버리고 있기 때문에 젤라틴으로도 제대로 젤리가 만들어지나 조리되지 않은 과일을 처음부터 넣고 굳히려고 하면 암만해도 만들어지지 않을 것이다.

──── 조금 어려운 이야기 ────

파파이아 속에 함유된 단백질 분해효소는 「파파인(papain)」이라고 하는 이름의 것이고 파인애플에 함유되어 있는 것은 「브로멜라인(bromelain)」이라고 한다. 키위 속의 단백질 분해효소는 아직도 잘 알 수가 없는데 복잡한 혼합물인 것 같다.

요즘의 세제에 「효소배합」 운운하는 것이 증가되고 있으나 열대산(熱帶産) 과일인 파파이아는 원료로서는 정말 지나치게 비싼 것 같아서 더 별개의 박테리아에서 채취한 프로테아제가 주로 사용되고 있는 것 같다. 그러나 세탁기 속에서는 과연 효소가 충분히 활성(活性)을 발휘할 수 있는 조건인지 어떤지는 의심스럽기는 하지만 의복의 때의 대부분은 단백질이 개재(介在)하고 있을 것이기 때문에 분자량이 작게 되면 훨씬 때는 쉽게 떨어질 것이다.

많은 계면활성제는 효소의 작용을 저해(阻害)하는 능력을 다소나마 가지고 있다. 메이커측에서는 가급적 활성의 저해가 적도록 연구하여 배합하고 있다고는 생각하나 소비자들은 여간해서 거기까지 고려하고 있다고는 생각되지 않는다. 실제로는 매우 무신경(無神經)하게 첨가하고 있을 것이니 둔감한 것일 것이다.

파파인의 작용은 상당히 강력하기 때문에 질긴 고기를 연하게 하거나 가죽을 무두질할 때에 여분의 단백질을 제거하거나 하는 데에 사용되고 있다. 미국에서는「드러그 스토어ᵃ¹⁴⁾ (약방)」에서 간단히 구입할 수 있는 것 같고 외국에서 온 가사(家事)의 힌트 (hint)집(集) 등에는 얼룩빼기에도 사용된다고 하는 것이 흔히 적혀 있었다. 즉 그 쪽의 육류는 상당히 질긴 것이 많다고 하는 것인지도 모른다.

그 외에 예전에는 회충의 구제제(驅除劑)로 사용된 일도 있었던 것 같다. 즉 살아있는 회충의 충제까지도 녹여버릴 정도의 힘이 있는 것이다.

『서유기(西遊記)』중에서 금각대왕(金角大王)과 은각(銀角)대왕이 소중히 하고 있는 마법의 호리병박은 어떠한 인간이라도 빨아들이면 녹여 버린다고 하는 불가사의한 것이나 만일 파파인 등의 단백질 분해효소의 분자구조를 만지작거려서 더 강력한 작용의 것으로 만들 수 있었다고 하면 이 마법의 호리병박과 마찬가지의 작용을 할 수 있는 것이 될는지도 모른다.

그러나 인간 전부를 녹이는 것보다는 암세포라든가 또는 화상을 입은 후의 죽은 세포의 부분만을 특이적(特異的)으로 파괴하는 강력한 효소가 만들어졌으면 하는 것이 우리들의 하나의 꿈이기도 한데……. 일이 잘못되면 큰 일이겠으나 만일 성공하면 일대복음(一大福音)이 될 것이다.

결정의 꽃

22

?

Magic flower

—— **일러두기** ——

실험실에서 용액을 농축하여 예쁜 결정을 만들려고 할 때 용기의 벽면에 결정이 생겨서 모세관현상 때문에 점점 윗쪽으로 결정이 성장하는 일이 있다. 이것을 「크리핑(creeping)」이라고 하는데 보통은 매우 골치아픈 현상이다. 그러나 이것을 역이용하면 예쁜 결정의 꽃을 피게 할 수도 있다.

—— **준비물** ——

○ 요소(원예품의 코너에서 작은 봉지에 넣은 것을 팔고 있었다. 부근의 농가에서 가마니에 들은 것을 일부 나누어 받은 사람도 있다)
○ 초산비닐계의 목공용 수성접착제(목공용 본드 등)

○ 부엌용의 중성세제
○ 색도화지나 흡착지
○ 수성 사인펜
○ 작은 접시

——— **이러한 방법으로 한다!** ———————

먼저 색도화지를 그림과 같이 잘라서 넘어지지 않도록 두 장을 짝마춰서 세운다. 여기서는 크리스마스 트리 모양으로 잘라 보았으나 다른 모양으로 여러 가지 시도해 보는 것도 좋을 것이다. 여기저기 뾰죽한 끝부분에 수성 싸인펜으로 색을 칠하고 건조시킨다.

비료나 플라스틱의 원료가 되는 「요소」는 이산화탄소와 암모니아로부터 합성되는 깨끗한 백색의 결정이다〔현재는 오줌(尿)에서 채취하고 있는 것은 아니나 가장 최초에 사람의 오줌에서 얻어졌기 때문에 이와 같은 명칭이 붙어 있는 것이다〕. 이 요소를 티스푼 수북하게 하나를 작은 접시에 채취하고 여기에 티스푼 두 개 정도의 물을 가해서 녹이기 바란다. 요소는 물에 잘 녹기 때문에 물의 양은 알맞게 되도록 하기 바란다. 실온에서의 용해도는 100그램의

물에 약 120그램도 녹는데 요소가 녹을 때 심하게 흡열(吸熱)이
일어난다. 이것과는 별도로 부엌용의 중성세제 1에 대해서 목공용
본드(이것은 초산비닐 모노머를 주성분으로 한 에멀션이다)를 4분
의 1을 가하고 잘 교반하다.

백색의 혼탁액(混濁液)이 될 것이다. 이 혼탁액을 몇 방울 떠서
상기 요소의 포화액과 혼합시키면 뿌옇던 것이 없어지고 투명하게
된다.

이 투명하게 된 액을 작은 접시에 받아서 앞에서 만든 종이 트리
를 접시 위에 세우자. 다음은 시간이 가기를 기다릴 뿐이다.

곧 모세관현상 때문에 종이의 윗부분까지 수용액이 올라간다. 표
면적이 커지면 증발도 빨라지기 때문에 뾰죽한 부분에 결정이 송
이와 같이 성장하게 된다. 수용성의 색소가 붙어 있는 부분에는 색
깔이 있는 꽃과 같이 될 것이다.

종이의 형태를 바꾸거나 채색을 바꾸어 보거나 하면 더 예쁜 것
을 만들 수 있다. 그러나 이 결정으로 만든 꽃은 무르기 때문에 너
무 동요가 심한 곳에서는 아니된다.

전부가 결정이 되어 버려 용액이 없어졌을 때에 또 결정을 모두 긁어내려 모아서 물에 녹이면 다소 더럽게는 되나 다시 동일한 매직 플라워를 반복해서 만들 수도 있다. 요소는 물 속에서 점점 분해되어 가기 때문에 너무 여러 번 실험은 할 수 없으나 농도를 변경해서 하는 실험은 가능하다.

원래 요소 자체는 값이 매우 싼 것이기 때문에 상당히 순도가 높은 것을 대량으로 비료로 사용할 정도이니까 너무 양에 구애될 일은 아닐지 모르나 아무리 값이 싸다고 해서 이 실험만을 위해서 가마니로 살 수는 없기 때문에……

물과 친화하는 다공질(多孔質)의 고체면 표면에서 물이 증발해 버리기 때문에 상기 색도화지와 마찬가지로 사용할 수 있다. 경석(輕石)이나 질석(蛭石, vermiculite), 목탄, 건조된 솔방울, 분필(황산칼슘으로 만든 것, 탄산칼슘으로 만든 것은 물 속에서 부서져 버린다), 또는 해면(海綿) 등으로도 동일한 결정의 꽃을 피울 수 있을 것이다. 색깔이 있는 분필 위에 백색의 결정의 꽃이 부착하는 것도 아름다운 것이다. 이 외에도 여러 가지로 시도해 보는 것도 좋을 것이라고 생각한다.

계면(界面)화학의 대권위자인 도쿄 도립대학 명예교수인 사사키 쓰네다카(佐久木桓孝) 선생이 소개하고 있는 실험 중에는 대가 긴 포도주 잔에 요소의 포화용액을 가득히 넣어서 방치하면 얼마 안가서 「크리핑」이 일어나 유리술잔 바깥쪽에 잔뜩 빤짝빤짝 빛나는 바늘모양의 요소의 결정이 붙는다고 하는 예가 소개되어 있다[『화학교육』33권(1985) 478페이지].

이것을 보통의 가정 안에 있는 재료로 할 수 있도록 개량된 것이 사가(佐賀) 대학의 시라하마 게이시로(白濱啓四郎) 교수의 방법[마찬가지로 『화학교육』34권(1986) 261페이지]이고 여기서는 전적으로 이 시라하마 교수의 개량법을 기초로 하였다.

또한 「임금님의 아이디어」라고 하는 코너가 각지의 백화점이나 유명점 등에 있는데 여기서도 매직 플라워의 키트를 팔고 있다(수입품인 것 같았다).

요소의 포화용액만으로도 크리핑은 일어나는 것이나 이것만으로는 여간해서 예쁜 결정의 꽃은 피지 않는다. 역시 계면활성제의 도움을 빌려서 표면장력을 교묘히 가감하지 않으면 안되는 것 같다.

품위있고 우아하게

23

?

종이를 물들인다.

--- **일러두기** ---

헤이안초(平安朝) [15] 의 여류작가의 작품에는 각각 취향있는 색조로 염색한 용지(用紙)가 가끔 등장한다. 물론 먹으로 노래를 쓰는 것이기 때문에 요즘의 어린이 공작용의 색종이와 같이 진한 색조의 것은 아니다.

당시에는 요즘과 같이 화려한 화학염료는 없었을 것이나 옛날의 우아함을 복원해 보는 것도 또한 아주 재미있을 것이다. 물론 우리 주변에서 갖춰지는 재료는 뻔한 것이기 때문에 되도록이면 다채롭게 되도록 예만을 적어 놓았다.

--- **준비물** ---

○ 화지

○ 명반

○ 엽차

○ 탄산수소나트륨(중조)

○ 양파 껍질

○ 하이비스커스(hibiscus) 차

○ 붉은 차조기의 잎

○ 치자 열매

○ 남빛으로 물들인 천쪼가리〔블루진이나 욕의(浴衣)도 좋다〕

○ 하이드로술파이트(유황계의 표백제)

* 만일 입수가능하면

○ 인디고〔쪽(藍)의 색소〕

○ 헤마톡실린(세포염색에 사용하는 것이기 때문에 현미경의 세트에 들어있는 경우가 많다. 이것은 다목류(brazil wood : 빨간 물감을 채취하는 나무)의 색소이다.

────── **이러한 방법으로 한다!** ──────────────

백반(명반)은 황산알루미늄·칼륨(칼륨명반)이 대표적인 것이나 암모늄명반도 상관없다. 이것을 5% 정도의 수용액으로 한다.

약품을 사용하는 것이 마음에 걸린다고 하는 분들을 위해서는 염색에 사용할 정도면 식물에서 알루미늄염을 채취하는 것도 가능하기 때문에 그것도 적어 놓겠다.

동백나무과(科)의 식물은 알루미늄을 다량 함유하고 있다. 살아 있는 식물체를 태워서 재를 만드는 것은 여간 보통일이 아니기 때문에 원래 건조되어 있는「엽차」를 태워서 재를 채취하면 좋을 것이다(차나무도 동백나무과이다). 조금 큰 재떨이 위에서 한줌 정도의 엽차를 태워서 - 강렬한 냄새가 날 것으로 생각한다 - 재떨이 밑바닥에 쌓인 재를 꺼내어 식초를 조금 첨가하여 중화하고 물에 담가서 상등액(上澄液)을 채취한다. 타다남은 검은 것이 혼합되어서 더러워져 있는 일도 있을 것으로 생각되기 때문에 티슈페이퍼 등을 사용해서 한 번 여과하는 것이 좋을 것이다(커피 필터의 종이가 좋을는지 모르나 몇 장을 겹으로 하는 것이 안심이 된다).

백반의 수용액으로도, 상기 엽차의 재의 침출(浸出)액으로도 좋으나 이 속에 화지를 잘 담갔다가 짜서 건조시켜 둔다. 백반 수용액에 담근 경우는 별도로 중조수를 만들어 두고 그 속에 이 종이를 담근 후 말리는 것이 좋을 것이다. 이 조작으로 종이의 섬유 위에 수산화알루미늄이 부착하는 것이다. 이것이 색소를 종이에 부착시키는「매염제(媒染劑)」로서의 작용을 나타낸다.

그러면 한쪽에서는 염색액을 만든다. 양과 껍질이면 1~2개분을 끓는 물에서 10분 정도 삶는다. 하이비스커스 차는 끓는 물로 추출하는 것만으로도 좋을 것이다. 다만 마실 때보다도 조금 진하게

(차주머니를 조금 많이 사용해서) 달이기 바란다. 붉은 차조기의 잎은 물로 씻은 다음 소금으로 문지르고 침출된 액체에 식초를 적하하여 산성으로 하면 아름다운 적자색이 된다.

수산화알루미늄분이 부착한 화지를 이들의 색소가 들어간 염색액에 담갔다가 짜서 바람에 말린다. 한 번으로는 엷게밖에는 물들지 않는 일이 많을 것으로 생각된다.

색조를 진하게 하기 위해서는 다시 한 번 알루미늄염의 용액에 담갔다가 꺼내서 짜고 중조수로 중화한 다음 건조시켜 염색액에 담그는 처리를 반복한다.

양파 껍질로는 선명한 황색[이것은 양파의 색소인 쿼르세틴의 알루미늄착체(錯體)의 색이다]으로 염색이 될 것이다.

하이비스커스 차나 차조기의 잎으로는 색소는 양쪽 모두 안토시안의 일종인 시아닌계의 것이기 때문에 보라빛~청보라빛으로 염색이 될 것이다.

세포 염색에 사용하는 헤마톡실린(다목류의 색소)이 입수되면 이것을 동일하게 알루미늄 매염을 하면 보기 좋게 적색으로 염색이 될 것이다. 그러나 이 헤마톡실린은 철의 이온이 있으면 어둠침침한 색이 되어 버리기 때문에 사용하는 물이 수돗물로서는 좋은 색이 안나올는지도 모른다. 학교에서의 실험이라면 증류수나 이온교환한 물을 사용하는 것이 바람직하다.

희망하는 농도보다도 조금 진하게 될 때까지 반복한 후에 물로 세척하고 그늘에서 말린다. 이와 같은 색소의 착체(레이크)는 자외선에 약하기 때문에 퇴색하기 쉽다. 보존도 가급적 직사일광이 닿지 않는 곳에서 할 필요가 있다.

치자 열매는 열탕으로 추출하는 것만으로 선명한 「그로신」의 황등색(黃橙色)의 액이 된다. 이것으로 종이를 물들이는 데에는 매

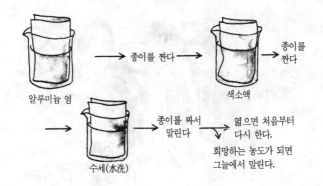

알루미늄 염 → 종이를 짠다 → 색소액 → 종이를 짠다

→ 종이를 짜서 말린다 → 엷으면 처음부터 다시 한다.

희망하는 농도가 되면 그늘에서 말린다.

수세(水洗)

염제가 필요없다. 밥을 염색하는 것도 가능하여서 옛날의 일본 도카이도 고주산지(車海道五十三次)의 주막의 명물로서「세도(瀬戶)의 물감들인 밥」이 있었는데 치자로서 황색으로 염색한 것이었다. 요즘도 슈퍼마켓에서 살 수 있으나 일본에서는 아주 대량으로 수입하고 있는 것 같고 그 용도는 전적으로 인스턴트 라면의 착색용인 것 같다.

본래의 남염(藍染 : 쪽으로 염색하는 것)은 매우 어려운 것인데 블루진의 쪼가리가 있으면 이것을 하이드로술파이트 수용액으로 환원탈색하면 로이코인디고가 수용성이어서 천으로부터 떨어져 나가기 때문에 여기에 종이를 담그고 공기중에서 산화, 발색시키면 엷은 청색으로 염색될 것이다(그러나 가짜 남이었다면 이렇게 되지 않는다).

이것은 어디까지나 흉내내는 것에 불과하나 사경(寫經) 등에 사용한 감색(紺色)으로 염색한 종이나 노랗게 물들인 종이는 보존성(保存性)이 우수해서 몇 백 년이 지난 지금도 거의 원래대로 남아 있다.

생명의 원천을

24

?

산소를 만든다

──── **일러두기** ────

화학의 실험에서는 상당히 처음의 부분에서 산소를 만든다. 예전에는 염소산칼륨의 열분해가 이산화망간의 촉매작용으로 저온(그렇다고는 하나 250℃ 정도)에서 일어나도록 하여 산소를 얻는 것이 표준적인 방법이었다. 요즘의 교과서에서는 과산화수소를 분해시키는 방법이 주된 것 같다.

구급상자에는 옥시풀이 낯익은 것인데 사실은 이 「옥시풀」 또는 「옥시돌」은 특정 약품메이커의 제품명이기 때문에 화학약품으로서는 「3% 과산화수소」라고 부르지 않으면 바람직하지 못한 것이다.

──── **준비물** ────

○ 가정용의 산소계의 표백제(칼라블리치 등의 이름의 색깔있는 천에도 사용되는 표백제이면 괜찮을 것이다)

○ 감자나 당근, 무 등
○ 가늘고 긴 폴리백(슈퍼마켓에서 비오는 날에 문앞에 내
　놓은 우산을 넣는 봉지를 1매 여분으로 얻기 바란다.
　속이 조금 젖어 있어도 상관없다)
○ 빨래집게, 고리고무줄
○ 채를 치는 강판(채판)

── 이러한 방법으로 한다! ──

　우산용의 폴리에틸렌 봉지 1매를 준비하자.

　산소계의 표백제를 큰술 하나가득 떠서 이 폴리백의 바닥에 넣
는다. 용기의 캡(뚜껑)은 대략 20그램 정도 들어가기 때문에 이 캡
으로 양을 재는 것이 간편할는지도 모른다.

　봉지에 표백제를 다 넣었으면 밖에서 눌러 여분의 공기를 내쫓
고 봉지주둥이에 가까운 쪽을 꽉 죄어서 빨래집게로 고정시켜 둔다.

　조금 작은 감자나 당근의 꼬리를 채판으로 채를 친다. 일부러 큰
것을 사용할 필요는 없으니까 폐기물 이용으로서 흡족할 것이다.
잘게 채를 치기 위해서는 하룻밤 냉동실에 방치하여 얼려서 딱딱

하게 된 것을 사용하는 것이 편하다.

이것을 상기 봉지의 빨래집게로 묶은 곳보다도 앞쪽에 넣고 가급적 공기를 내쫓은 다음 주둥이를 죄고 또 하나의 빨래집게로 밀봉한다.

처음에 고정시켜 두었던 빨래집게를 떼어내고 표백제와 야채의 채를 친 것을 접촉시키면 얼마 안가서 봉지는 천천히 점점 부풀어온다. 즉 기체가 발생하여 내부의 압력이 커지는 것이다(냉동한 것으로는 실온이 될 때까지 약간은 시간이 걸린다. 그런 때에는 미지근한 물에 담가서 데우는 것이 좋을는지 모른다).

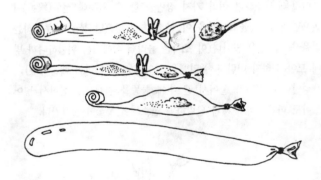

과탄산나트륨은 열로서도 분해되기 때문에 상기 야채의 채를 친 것 대신에 뜨거운 물(폴리백은 열에 약하기 때문에 80℃ 정도로도 좋다. 즉 녹차를 달이는 정도의 온도)을 50㎖ 정도 넣어서 주둥이를 눌러두어도 마찬가지로 산소가 발생한다. 이것은 성급한 사람에게 알맞을지도 모른다.

표백제에는 계면활성제가 첨가되어 있기 때문에 상당히 성대하게 거품이 일어난다.

만일 큰 양동이가 있으면 이 양동이에 물을 가득 채우고 그 속에 인스턴트 커피의 빈 병을 가라앉혀 놓고 상기 팽창된 봉지를 가라앉혀서 주둥이에서 나오는 산소의 거품을 빈 병 속에 모을 수도 있다. 즉 빈 병을 집기병(集氣瓶)으로 하여 「수상치환(水上置換)」이 되는 것이다.

간단히 하려면 봉지의 주둥이를 속이 깊은 빈 병 속에 넣고 조용히 봉지 속의 산소를 밀어내는 것만으로도 가능할 것이다. 산소는 공기보다 약간 무겁기 때문에 속이 깊은 용기이면 그다지 쉽게는 산소가 밖으로 나가는 일은 없다.

이것을 사용하면 여러 가지 장난을 할 수 있는데 선향(線香)이 있으면 일단 불을 끈 것을 이 산소 속에 넣으면 불꽃이 부활하는 것을 볼 수 있을 것이다(이 조작은 폴리백 속에서는 위험하니까 병에 모아서 하기 바란다. 폴리백은 가연성(可燃性)이기 때문이다).

성냥불을 켰다가 불어서 끈 후에 불똥을 핀셋으로 집어서 넣어 보아도 마찬가지로 재차 활발하게 연소되어 불꽃이 올라간다.

─── **조금 어려운 이야기** ───────

상기 폴리에틸렌 봉지는 납작하게 되어 있을 때의 폭이 10cm 정도이나 기체가 가득 차 있을 때에는 원통형으로 부풀려진다.

산소가스로 가득 찬 폴리백의 부피를 계산하여 보자. 간단히 하기 위해서 둘레가 20cm이고 길이가 30cm의 원통(원기둥)으로 하여 이 부피를 구하여 보면 대략 1리터 정도가 될 것이다.

1리터의 산소를 만드는 데 얼마 정도의 원료가 필요한가는 간단한 계산으로 구할 수 있다. 그러나 화학방정식이나 비례계산이 싫은 분은 건너뛰어 읽기 바란다(그 대신 분량만큼은 지시하는 대로 지켜주기 바란다).

보통의 기체의 부피는 분자의 수와 온도와 압력의 함수로서 간단한 식(式)으로 나타낼 수 있다. 이들의 매개변수를 결합시키는 것이 「보일 ─ 샤를의 법칙(Boyle ─ Charle's law)」으로서 엄밀히 말하면 이상(理想)기체에 대해서만 성립하나 비점(boiling point) 보다도 상당히 높은 온도의 기체이면 그다지 큰 편차가 없는 것으로 해도 상관없다. 산소의 비점은 ─183℃이기 때문에 문제가 없을 것이다.

압력을 P(기압), 부피를 V(리터), 절대온도(섭씨온도에 273을 더한 것, 켈빈(Kelvin) 온도라고도 한다. 단위는 K)를 T, 분자의 수를 아보가드로(Avogadro)수 단위로 나타낸 것[이것을 몰(mol) 수라고 한다]을 n이라고 하였을 때 「보일·샤를의 법칙」은 다음과 같은 간단한 식이 된다. 여기서 R은 기체상수(氣體常數)라고 불리는 숫자이고 상기의 단위를 사용하였을 때에는 0.08205이다.

아보가드로수는 6022해(垓), 즉 6.022×10^{23}이라고 하는 큰 숫자이나 원자나 분자 1개의 질량은 간단히는 측정되지 않아도 이

정도의 수를 정리하면 보통의 천칭(天秤)으로 측량할 수 있게 된
다. 예를 들면 분자량 32의 산소(O_2)이면 32그램이 된다.

$$pV = nRT$$

이것을 변형하면

$$V = nRT / p$$

상온(常溫)은 절대온도로서 300K정도이고 폴리백 속의 압력은
1기압보다 조금 높을 것인데 그다지 차이는 없다고 생각해도 좋기
때문에 1몰의 산소가 차지하는 부피는 대충 계산해서 24리터가 된
다. 즉 32그램의 산소는 이것만큼의 부피로 되는 것이다.

상기 폴리백의 부피는 기껏해야 1리터이기 때문에 산소의 몰수
는 이것의 24분의 1, 질량도 1.3그램 정도가 된다. 따라서 원료도
이에 해당할 정도만 사용하면 되기 때문에 무턱대고 많이 사용하
여도 압력이 지나치에 너무 올라가서 봉지가 파열되거나 작은 구
멍으로부터 새어나갈 뿐이어서 오히려 위험한 것이다. 시판되고 있
는 보통의 산소계 표백제에는 「과탄산나트륨」이 주성분으로 되어
있는데 이 속의 「유효산소분(有效酸素分)」은 10% 정도라고 한다.

따라서 보관하는 동안에 분해되는 것을 감안하면 캡(병뚜껑) 하
나분 정도(평평하게 담아서)가 꼭 알맞다는 것도 알 수 있다.

전부가 「과탄산나트륨」이라고 하여도 20그램의 10%라고 하면
2그램의 산소가 발생하게 되는 것이나 분해되어 있을 가능성도 있
고 여러 가지 다른 것도 배합되어 있을 것이기 때문에 주성분이 약
60%로 되어 있다고 보면 그다지 틀리지 않을 것이다.

앞에서 「과탄산나트륨」이라고 낫표(「 」)를 해서 써놓았는데 이
화합물은 「과탄산」이라고 하는 산의 나트륨염이 아니기 때문이다.
소위 「소다회」, 즉 탄산나트륨은 여러 가지 숫자의 결정수를 가진
결정을 만드나 이 물분자 대신에 과산화수소 분자가 들어간 비교
적 안정된 부가물(付加物)이 되기 때문에 이것을 표백제로서 사용
하고 있는 것이다. 「결정수(結晶水)」가 아닌 「결정과산화수소」가
함유되어 있다고 하는 편이 좋을 것이다. 순수한 과산화수소는 −
0.9℃에서 고체가 되는데 폭발적으로 분해하기 쉽고 매우 다루기
힘든 것이다.

아무리 안정하다고 하여도 분해하여 산소가 발생되지 않으면 표
백제가 될 수 없다. 시약(試藥)의 경우에는 건조한 냉암소에 보관
하나 가정의 경우에는 세탁기 곁 등 습도가 높고 또한 밝은 곳에
방치되어 있는 것이 보통일 것이고 상점 등에서도 봉합을 뜯지는
아니하였다고는 하나 그다지 이상적인 보관조건이라고는 말할 수
없기 때문에 오래된 것은 생각했던 정도로는 산소가 나오지 않을
지도 모른다.

감자 등의 야채 속에는 과산화수소를 분해하여 산소를 방출시키
는 효소(카탈라제)가 함유되어 있다. 우리들의 혈액 속에도 카탈라
제가 함유되어 있다는 것은 상처를 입었을 때 옥시풀을 바르면 격
렬하게 거품이 나는 것으로도 알 수 있다. 과산화물은 보통의 생체
(生體)에는 유해(有害)한 것이기 때문에 분해시켜 무독화(無毒化)
하기 위한 효소가 생물체에는 함유되어 있는 것이다. 마찬가지로
과산화물을 분해하는 효소로서 페르옥시다제(peroxidase)가 있으
나 이것은 산소를 발생시키지 않고 다른 물질에 활성의 산소 원자
를 전달하는 작용을 담당하고 있다.

소독용으로 과산화수소를 사용하면 인체의 카탈라제로 분해시킬

때 박테리아 등의 작은 생물체는 발생하는 산소의 거품으로 밀려 나가 버리기 때문에 살균과 소독의 두 가지 작용이 유효하게 발휘 되는 것이다(박테리아도 자체의 카탈라제로 분해시키려고 하나 워 낙 양이 많기 때문에 다 분해를 시키지 못하고 끝장이 나버리는 것 이다).

마이크로의 화학

25

?

경검분석

—— **일러두기** ——

화학실험은 플라스크나 비이커 속에서 하는 것이라고 하는 고정관념이 있어서 이 세상을 상당히 오도(誤導)하고 있다고 흔히 말하여지고 있으나 공장에서는 더 큰 규모로 실험을 하고 있는 것이 보통이고 거대한 반응솥 속에서 1회에 몇 톤, 또는 몇 십 톤의 규모가 아니고서는 실험을 할 수 없는 것도 있다. 그러나 한편으로는 한 방울(보통의 물방울로서는 표면장력 때문에 0.05㎖ 정도의 크기가 되어버리는 것이나)의 규모로도 실험은 가능하다. 물론 이를 확대하는 수단이 필요하므로 현미경의 슬라이드 글라스 위에서 결정을 만들거나 혼합되지 않는 액체 사이에서 물질의 이동을 시키거나 하는 것을 관측하게 된다. 이것에 의해서 미량의 화학성분의 검출이나 확인을 하는 것이 「경검분석(鏡檢分析)」이라고 일컬어지는 수법(手法)이다. 사람에 따라서는 「경현분석(鏡顯分析)」이라는 문자를 사용하는 경향도 있다.

혼히 세포 등의 관찰을 위한 저배율(低倍率 : 몇 십 배 정도)의 현미경이 싼값으로 판매되고 있는데 이것은 이 경검분석에 꼭 적합한 것이다.

── **준비물** ──────────────

○ 슬라이드 글라스
○ 성냥개비
○ 저배율의 현미경(없으면 확대경도 좋다)
○ 시료용액
○ 시약용액

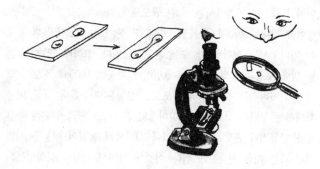

—— **이러한 방법으로 한다!** ——————————————

여기서 가장 쉽게 입수할 수 있는 것으로서 시료에는 명반을, 시약에는 중조수(포화용액)를 사용하여 보자.

슬라이드 글라스 위에 유리막대기 또는 젓가락을 사용해서 시료의 용액을 살짝 한 방울 떨어뜨린다. 위의 그림과 같이 거기에서 조금 띄어서 별개의 장소에 시약의 용액을 역시 한방울 떨어뜨린다.

성냥개비를 사용해서 양쪽 액체 사이에 가느다란 흐름이 생기도록 하자. 양쪽의 액을 혼합하는 곳에서 확대경이나 현미경으로 액의 방울을 관찰한다.

이 경우에는 먼저 이산화탄소의 기포가 발생하나 곧 일단락되면 수산화알루미늄의 흐릿한 백색의 침전이 생기는 것을 알 수 있다. 흰 종이 위에서는 알기 힘들지도 모르기 때문에 까만 종이 또는 플라스틱 위에서 실험하는 편이 좋을는지도 모른다.

이와 같은 작은 부피의 것의 속에서도 화학반응은 동일하게 일어나는 것이나 우리들의 관측하는 수단이 예전에는 한정되어 있었기 때문에 반드시 비이커나 플라스크가 가장 편리한 기구로서 사용되어 온 것이다. 매우 귀중한 시료라도 되면 그에 상응하는 분석방법을 개발하지 않으면 안되고 기구 등도 특별 주문해서 만들지 않으면 안된다.

우리들이 경검분석에서 사용하는 시약은 주로 예쁜 결정이 생기는 것으로서 대상(對象)의 이온이 각각 특징있는 형태의 침전이 되거나 형광이 나타나는 것을 사용하는 것이다. 또는 특징있는 색조를 띠는 것도 사용된다. 세포를 염색하여 관찰하는 것도 생각에 따라서는 일종의 경검분석이라고 말못할 것도 없다.

따라서 위의 실험과 같이 흐릿한 수산화물의 침전(이것도 경험을 쌓은 전문가가 보면 수산화알루미늄의 것이라는 것을 즉각 알 수 있을 것이나)을 만드는 것과 같은 것은 별로 사용되지 않는다.

학교의 연구실 등에서 옥신(oxine)이라든가 크롬산칼륨, 티오시안산수은암모늄 등과 같은 특수한 시약이 입수될 수 있는 경우에는 위의 실험과 아주 동일한 조작으로 몇 십, 아니 몇 백 종류의 반응도 현미경 밑에서 관찰할 수 있다. 옥신은 1%의 에탄올용액, 크롬산칼륨은 5% 정도의 수용액으로 해서 사용한다. 이와 같은 시약을 첨가할 때에는 유리의 모세관을 사용하는 것이 좋을 것이다.

경검분석만의 참고서는 현재로서는 눈에 띄지 않으나 그 옛날 「점적분석(点滴分析)」, 또는 「반점분석(斑点分析)」이라고 불리운, 공동(空洞)이 많이 있는 사기로 만든 판 위에서 시료용액과 시약용액을 반응시켜서 이온의 검출 등을 하는, 방법은 감식화학(鑑識化學) 등에서 흔히 사용되고 있다. 예를 들면 모르핀(morphine)이나 스트리키닌(strychnine) 등의 알칼로이드의 검출에는 옛날부터 사용되고 있는 시약이 몇 가지 종류가 있고 각각 색깔이나 형태 등으로 특징있는 결정이 생기는 것으로서 확인이 가능한 것이다.

무기(無機)이온의 검출에 대한 참고서로서 정평이 있는 것은 :

샤를로 : 『정성분석화학』〔교리쓰(共立)전서〕

파이글 : 『무기반점분석』

등이 있으나 둘다 절판(絶板)되었다.

연세가 많은 선생님의 장서(藏書)가 있으면 빌려서 보는 것도 가치가 있을 것이다.

결정만들기를 슬라이드 위에서 할 수도 있다. 상기 백반의 수용액을 한 방울만 슬라이드에 올려놓고 잠시 방치하여 본다. 만일 포화용액이면 바로 결정이 생기나 그다지 진하지 않으면 수분이 없어질 때까지 조금 시간이 걸린다. 백반의 결정은 주사위와 같은 정

육면체(正六面體) 또는 정팔면체 중 어느 하나가 되는 것이 많으나
팔면체(八面體)의 경우에는 유리면(面)에 결정의 한 면이 달라붙으
면 잠깐 보는 것으로서는 육각(六角)의 판과 같이 보이는 일도 있
다. 시간이 흐름에 따라 초점(焦点)이 맞지 않는 것은 결정이 성장
해서 두께가 늘어나고 있기 때문이다.

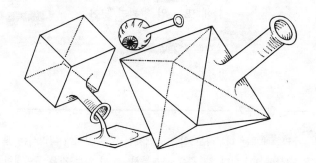

돌이 흘러내려가고 나뭇잎이 가라앉는다?

26

?

물에 뜨는 일 원짜리 코인

── 일러두기 ──

우리들에게는 너무나도 친숙한 액체인 물은 보기에 따라서는 매우 괴상한 액체이다. 그 중에서도 특히 눈에 띄는 것은 표면장력의 장난이다.

── 준비물 ──

○ 티슈페이퍼
○ 일 원짜리 코인
○ 컵 한 잔의 물
○ 샴푸
○ 린스

───── **이러한 방법으로 한다 !** ─────

가급적 투명한 컵에 물을 넣는다. 컵은 깨끗이 씻어서 말린 것을 사용하고 신선한 물(수도물이건 우물물이건)을 넣기 바란다.

티슈페이퍼는 3㎝각 정도로 자른다. 보통은 두겹으로 되어 있기 때문에 이대로라도 좋으나 한겹을 벗기는 것도 좋을 것이다.

지갑에서 일 원짜리 코인을 준비해 놓고 상기 티슈페이퍼를 먼저 컵의 수면에 띄우면 수면에 퍼져서 잠시 떠 있다. 이 위에 일 원짜리 코인을 올려 놓는다. 수면이 일 원짜리 코인의 무게로 움푹 꺼지나 종이가 지탱하고 있기 때문에 떠 있다. 곧 종이는 가라앉으나 일 원짜리 코인은 그대로 떠 있다. 알루미늄의 비중은 2.7 정도이기 때문에 당연히 물 속으로 가라앉아 버려야 할 것이나 물의 표면장력이 크기 때문에 중력(重力 : 지구의 중심으로부터의 만유인력)에 거슬러서 떠 있게 할 수 있는 것이다. 컵의 측면에서 보면 보기좋게 일 원짜리 코인부분만 수면이 움푹 꺼져 있는 것을 알 수 있다.

여기에 계면활성제를 첨가하면 표면장력은 극적으로 저하한다. 간단히 하기 위해서 샴푸의 원액을 성냥개비 끝에 묻을 정도로 채취하여 수면에 접촉시켜보기 바란다. 즉각 일 원짜리 코인은 컵의

바닥으로 가라앉아 버린다. 이때 음이온성의 활성제인 샴푸나 비눗물은 극히 소량으로도 매우 효력이 있으나 양이온성의 계면활성제가 주된 린스쪽은 같은 정도의 양으로서는 유효성이 각별히 작다는 것을 알 수 있다.

마찬가지로 바늘을 뜨게 할 수도 있다. 방아벌레가 수면에 떠서 뛰어돌아다니고 있는 것과 마찬가지로 물의 표면이 약간 우묵해져서 가느다란 바늘을 지탱하고 있는 것을 알 수 있다. 이때도 계면활성제를 첨가하여 표면장력을 저하시키면 순간적으로 바늘은 물에 가라앉아 버린다.

이 실험의 옛날의 지침서에는 텔크(활석)를 수면에 뿌리고 그 위에 코의 기름을 바른 코인을 올려놓으면 된다고 지시되어 있었다. 그러나 요즘은 예전같이 텔크를 입수하는 것이 쉽지 않기 때문에 가장 가까이 있는 재료로 실험하는 방법을 소개한 것이다.

더욱이 한 번 가라앉아 버린 일 원짜리 코인이나 바늘은 다시 한 번 이 실험을 반복하려고 해도 잘 진행되지 않는다. 표면에 계면활성제의 얇은 막이 생겨 있어서 물에 친화하기 쉽게 되어 있기 때문에 처음부터 가라앉아 버리는 것이다. 뜨거운 물속에서 잘 씻어서 표면에 붙어 있는 계면활성제를 세척해 내어 건조시키면 또 다시 사용할 수 있게 된다.

바늘과 물에 얽혀 있는 유명한 불교의 일화 중에는 인도의 성인 (聖人)이었던　용수보살(龍樹菩薩,　Nágájuna)이　「데바」(堤婆, Deva)의 방문을 받았을 때 제자를 시켜 작은 사발에 물을 넣어 내놓았더니 데바는 옷깃에서 바늘을 뽑아내서 물에 가라앉혀서 되돌려 보냈기 때문에 용수는 그이야말로 나의 가르침을 이해한다고 하여 환대하였다는 유명한 이야기가 있다. 이것은 「나의 지혜는 물과 같다. 감출 것이　없다」라고 하는 수수께끼에 대해서 「그렇다면 이 바늘과 같이 바닥에 이르기까지 파악하였다」라는 회답을 하였던 것 같다. 그 뜻을 몰랐던 제자는 스승으로부터 틀림없이 야단맞았을 것으로 생각되나 그래도 파문(破門)까지는 이르지 않았을 것이다.

상기 실험에서와 같이 바늘이 떠 있어 버리면 이 에피소드는 망쳐 버리는 것이나 수평으로 놓으면 바늘은 뜨기 쉬우나 뾰족한 방향으로부터 물에 넣으면 표면장력으로는 지탱할 수가 없어서 가라앉게 된다.

쓰가루(津輕) 샤미셍(三味線)〔일본의 속곡(俗曲)에 사용하는 중요한 현악기임. 해금(깡깡이)과 비슷함〕의 덕택으로 예전보다는 훨씬 유명하게 된 「죵가라 부시(節)」(일본의 속곡) 속에 :

　「가세(嘉瀨)와 가네키(金木) 사이의 개울에 돌이 흘러내려
　가고 나뭇잎이 가라앉는다」

라고 하는 일절(一節)이 있다. 「가네키」는 다자이 오사무(太宰治) 의 생가(生家)가 있는 아오모리(靑森) 현에서도 가장 오래된 작은 도시이고 「가세」는 그 이웃마을인데 조용한 수면에 떠 있는 낙엽

위에 살짝 올라탄 매끄러운 작은 돌이면 상기 티슈페이퍼 위의 일 원짜리 코인과 동일한 현상이 일어날 수도 있을 것이다. 그러나 그 렇게 되기 위해서는 물이 상당히 깨끗하고 세제의 오염이 전혀 없 는(즉 표면장력이 큰 상태대로의) 조건이 아니고서는 어려울 것이 다. 그러한 조건이 되어도 격렬한 흐름이 생기면 원래가 불안정한 균형이기 때문에 즉각 돌은 가라앉아 버릴 것이다.

이러한 것은 과학적으로 보면 맑은 물이 매우 천천히 흐르는 곳 이 아니면 「돌이 흘러내려가고 나뭇잎이 가라앉는다」는 것은 있을 수 없는 것이 된다.

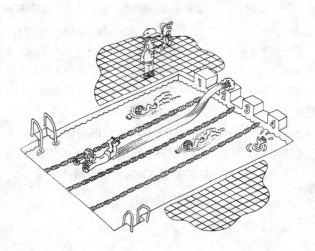

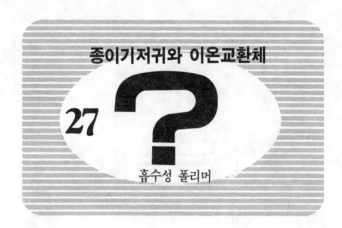

종이기저귀와 이온교환체

27

?

흡수성 폴리머

──── **일러두기** ────

스폰지나 해면, 탈지면 등은 확실히 대량의 물을 빨아들일 수 있으나 외압(外壓)을 조금만 주어도 물이 다시 밀려나오게 된다. 더 강력히 물을 붙잡고 있을 수 있는 것이 있으면 약간의 압력을 거는 정도로서는 물은 나오지 않는다. 95% 이상이 물인 곤약이나 한천을 이빨로 깨물었을 때에 그 속에서 물이 찔끔 나오는 일이 없다는 것은 여러분이 잘 아는 바와 같다. 더 간단하게 물을 흡수하고 방출되기 어렵게 고안된 것이 흡수성 폴리머이다.

──── **준비물** ────

○ 종이기저귀 1매
○ 탈지면 한 줌

○ 티슈페이퍼 서너 장
○ 식염
○ 물

—— 이러한 방법으로 한다!

종이기저귀는 여러겹으로 포장되어 있어서 어린아기의 피부에 접촉할 때에 여분의 자극을 주지 않도록 고안되어 있는 것이나 이번 실험에는 알맹이만이 필요하기 때문에 다음과 같이 한다.

가장 바깥쪽은 폴리프로필렌이나 폴리에틸렌으로 만든 필름으로 둘러싸여 있기 때문에 이것을 제거한다. 이 속에는 티슈페이퍼의 봉지로 되어 있기 때문에 이것도 잘라서 떼어낸다. 이렇게 하면 속에는 우리가 목적으로 하고 있는 흡수성 폴리머가 들어있는 패드 (pad)가 들어 있다. 통채로는 너무 크기 때문에 5cm각 정도로 자르기 바란다. 이것은 대략 흡수성 폴리머로서 1그램분 정도의 양에 해당한다.

컵을 세 개 정도 준비하여 각각의 컵에 절반 정도의 물을 넣는다. 대체로 100㎖ 정도의 물이 들어 있으면 된다.

여기에 상기 흡수성 폴리머를 자른 것(5cm각) 하나, 탈지면, 티슈페이퍼(2매 겹친 것, 1매가 약 1그램)를 넣어 보아서 어느 정도의 물의 부피가 변화하는가를 관찰하기 바란다.

얼마나 합성의 흡수성 폴리머의 흡수능력이 우수한가를 알 수 있다. 탈지면이나 스폰지 등은 기껏해야 20배 양(量) 정도의 물밖에는 흡수하여 저장할 수가 없다. 이에 비해서 종이기저귀나 생리 용품에 사용되는 흡수 폴리머(폴리아크릴산나트륨이 주성분이다)는 자릿수가 틀릴 정도로 큰 흡수능력을 가지고 있어서 200배에서 제품에 따라서는 1000배의 물을 흡수 저장할 수 있는 것이다. 더욱이 한 번 흡수한 물을 조금 누른 정도로는 짜낼 수 없도록 되어 있기 때문에, 말하자면 인스턴트 곤약과 같은 것이라고 생각할 수도 있을 것이다.

컵 속에서 부풀은 폴리머의 겔(gel)을 그대로 해서 기울이면 물만이 제거된다[이 조작을 「경사(傾瀉, decantation)」라고 한다]. 이 겔만이 남은 컵에 염산(화장실청소용의 것도 좋다)을 티스푼으

로 절반 정도의 양을 첨가해서 잠시 두어두자. 물이 조금씩 스며나 오는 것을 볼 수 있다.

——— 조금 어려운 이야기 ———

이 강력한 보수(保水)능력은 흡수폴리머가 소위 고분자전해질 (高分子電解質)이라고 불리는 것에 속해 있어서 속에 있는 나트륨 이온과 카르복실기(基)의 이온이 양쪽 모두가 물과 상당히 견고하 게 결합하여 버리기 때문이다. 흡수하지 않은 상태에서는 카르복실 기의 바로 옆에 거의 알몸의 나트륨 이온이 접근해서 존재하고 있 는 것 같으나 물이 속으로 진입하여 오면 나트륨 이온도 카르복실 기의 이온도 양쪽 모두가 물과 친화하기 쉽기 때문에 고분자의 사 슬을 밀어서 넓혀 속에서 큰 공간을 만들려고 한다. 그 결과로서 폴리머가 부풀면 또한 여분의 물이 들어오게 되고 빨리 「팽윤(膨 潤)」하게 되기 때문에 얼마 안가서 대부분이 물로 되어 있는 덩어 리(겔)가 생겨 버리게 되는 것이다.

카르본산(酸)은 초산 등과 마찬가지로 그다지 강한 산은 아니기 때문에 염산과 같이 더 강한 산의 수용액 속에서 흡수 폴리머를 팽 윤시키려고 해도 순수한 물의 경우에 비하면 훨씬 작은 부피밖에 는 되지 않는다. 이것은 카르복실기가 이온이 되지 않으면 물을 잡 아당기는 능력이 심하게 감소하기 때문에, 또 한 가지는 원래 함유 되어 있던 나트륨 이온이 폴리머 속에서부터 추방당하여 버리기 때문에 물을 잡아둘 수 없게 되어 버린다. 겔에 염산을 가하면 물 이 스며나오는 것은 이것 때문이다. 이 때에는 당연한 것이나 스며 나온 액체에는 상당량의 나트륨 이온이 함유되어 있게 된다(즉 염 산 속의 수소 이온이 나트륨 이온으로 교환(交換)된 것이다. 이와 같은 반응을 「이온 교환」이라고 한다).

진한 식염수 속에 넣은 경우에도 마찬가지로 밖의 나트륨 이온
과 폴리머 내부의 나트륨 이온과의 사이에 물 분자의 쟁탈이 일어
나게 되기 때문에 역시 팽윤의 정도는 작게 된다.

제염용(製塩用)이나 분석용 또는 물의 정제나 의료용 등에도 이
온 교환 기능을 갖는 폴리머가 흔히 사용되고 있으나 이들의 목적
을 위해서는 물이나 공존하는 이온 때문에 부피가 제멋대로 증감
하는 것은 사실은 매우 뒷처리가 나쁜 것이었다. 이온 교환 수지로
서 유리관 등에 채운 것이 조건에 따라서는 부피가 100배 정도가
된다고 하면 물이 얼음이 될 때의 부피팽창(10％정도)으로도 대
단한 피해의 원천이 되는 것이기 때문에 장치(裝置)쪽에 큰 부담이
걸린다는 것은 알고 있을 것이다. 따라서 이 흡수능력을 활용한 것
은 다름아닌 「전화위복(轉禍爲福)」이 된 것과 다름없다.

분석용이나 물의 정제(탈이온)를 위해서는 먼 옛날에는 상기 종
이기저귀와 동일한 아크릴산계의 폴리머가 사용된 일도 있으나 요
즘은 대부분이 스티렌·디비닐벤젠계의 소위 스티롤(스티렌) 수지
로 바뀌어 버렸다. 이것도 스티렌만으로 만든 수지로서는 흡수에
의해서 부피가 증감하기 때문에 가교구조(架橋構造)가 만들어지도

록 비닐기(基)가 하나 여분으로 붙어 있는 디비닐벤젠을 공중합
(共重合)시켜서 성질의 개선을 도모하고 있는 것이다.

색이 변하는 수용액 (1)

번호외

?

—— 일러두기 ——

보통의 가정에서는 요즘은 조금 입수하기 힘든 시약을 사용하면 더 여러 가지로 화학변화를 육안으로 확인할 수 있게 된다. 그러나 많은 화학변화는 한 번밖에는 관측할 수 없는 것이 많기 때문에 호되게 고생하여 준비를 하여도 단 한 번의 화려한 흥행뿐이고 그 뒤는 끝장이다라고 하면 조금 가치가 없는 것이다.

여기서는 몇 번인가 반복해서 변색(變色)을 볼 수 있는 실험의 예를 소개하기로 한다. 실험용 기구는 될 수 있는 대로 주변 가까이 있는 것을 사용하기로 한다. 물론 큰 플라스크나 갈론(gallon) 들이병이 볼품이 있다는 것은 말할 나위도 없으나…….

—— 준비물 ——

○ 투명하고 마개를 닫을 수 있는 병(스포츠·드링크 등이

들어 있는 무색의 1.5리터들이의 PET병이 좋을 것이다. 라벨(label)은 가능하면 떼어 버리기 바란다. 물에 넣어서 부드럽게 하면 떨어진다)

○ 포도당(순수할 필요는 없다)

○ 가성소다(수산화나트륨)

○ 메틸렌 블루의 알코올용액

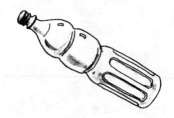

── 이러한 방법으로 한다! ──

포도당은 분자 속에 환원작용을 갖는 알데히드기(基)를 가지고 있다. 그러나 포르말린이나 아세트알데히드와 같은 정도로는 환원성을 그다지 분명하게 나타내지 않는다. 그래도 조건에 따라서는 공기중의 산소의 작용에 의해서 산화를 받는 것이다.

설탕과는 달리 포도당(글루코스)은 그다지 물에 대한 용해도가 크지 않으나 청량(淸涼)한 맛이 있는 감미료(甘味料)로서 흔히 사용되고 있다. 레모네이드 과자 등의 성분 중에 「포도당」이라든가 「전화당」이라고 기재되어 있는 것이 있으면 이 실험용으로는 충분하다. 레모네이드 과자의 경우에는 분쇄해서 병에 넣고 물을 넣어서 교반한다. 대략 테이블스푼 하나 정도 있으면 될 것이다.

여기에 알칼리로서 수산화나트륨을 가하여 잘 흔들어 섞고 물을 가하여 1리터 정도가 되도록 하자. 마지막으로 수산화나트륨의 농도가 4∼5% 정도가 되도록 한다. 강알칼리는 피부를 침식하기 때문에 반드시 마개를 닫고 손에 묻지 않도록 주의해서 하기 바란다. 만일 손에 묻으면 즉시 물로 씻어라. 또한 여기서 사용하는 것과 같은 진한 수산화나트륨수용액(4%라도 매우 위험한 것이다)은 만일 눈에 들어가면 실명(失明)의 우려도 있으니까 가능하면 보안경(保眼鏡)을 쓰고 실험하는 것이 바람직하다. 특히 멍청하게 다른 사람에게 쏟거나 하면 어떠한 야단을 맞을는지 모르니까……

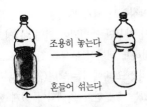

세포 염색에 자주 사용하기 때문에 현미경의 세트에 작은 병으로 들어 있는 메틸렌 블루를 알코올에 녹여(1%용액으로 한다), 이것을 몇 방울 상기 포도당의 수산화나트륨수용액의 병에 적하(滴下)하고 마개를 닫아서 잠시 방치한다.

처음에는 용액은 상당히 진한 청색을 띠고 있으나 점점 엷어지고 드디어는 거의 무색의 수용액 위에 엷은 청자색(靑紫色)의 층이 떠올라 있게만 된다. 조금 먼 곳에서 보면 완전히 색이 없어져 버린 것같이 보인다.

이것을 손에 들고 마개를 닫은 채로 다시 한 번 흔들어 섞어 본
다. 무색의 용액은 즉각 청색으로 변하는 것이나 방치하면 다시 무
색으로 되돌아간다. 이 청색 — 탈색의 싸이클(cycle)은 상당히 오
랜 시간에 걸쳐서 반복시킬 수 있으나 하루 정도 놓아두면 포도당
이 분해해서 황갈색으로 착색한 용액이 되고 변색도 선명하게는
보이기 어렵게 된다. 하루 정도로서는 아직 메틸렌 블루의 변색이
보이나 무색으로는 되지 않기 때문에 그다지 깨끗하지는 않다.

이러한 메커니즘은 포도당이 강알칼리성의 수용액중에서는 공기
중의 산소와 반응하여 산화되기 때문이다. 이 반응은 그다지 빠르
지 않기 때문에 수용액에 녹아 있는 산소가 천천히 소비되어 가는
것이다.

물 속에 과잉의 산소가 녹아 있으면 메틸렌 블루는 산화형(型)의
청색의 형태쪽이 안정하게 되기 때문에 착색이 되는 것이나 산소
가 포도당에 의해서 자꾸만 소비되어 가면 이 청색의 산화형의 메
틸렌 블루도 불안정하게 되어서 무색의 환원형으로 변화한다. 마개
를 닫은 병이나 플라스크 속에서는 액면(液面) 위에 있는 공기중의
산소와 접촉하고 있는 부분만이 착색되어 있게 된다. 다시 한 번
용기를 흔들어 섞어서 공기중의 산소를 용해시키면 용액중의 산소
의 양이 증가하여 메틸렌 블루도 청색의 산화형으로 되돌아가나
포도당이 차례로 산소를 소비하기 때문에 얼마 안가서 액의 색은
무색으로 되돌아 가는 것이다. 이 메틸렌 블루와 같은 것을 「산화·
환원 지시약」이라고 한다.

포도당이나 수산화나트륨의 양을 변화시키면 흔들어 섞은 때부
터 탈색할 때까지의 시간도 변화한다. 알칼리성이 약하면 반응은
진행되기 어렵기 때문에 강알칼리의 수용액이 필요하게 된다.

몇 번씩이나 반복해서 흔들어 섞고 있으면 얼마 안가서 병 속의

공기로부터 산소가 제거되어가기 때문에 마개를 열고 공기를 보충해 주지 않으면 안된다. 나사형 마개의 것은 마개를 느슨하게 풀면 상당히 큰 소리가 나면서 공기가 안으로 들어가는 것을 알 수 있다.

1리터의 병의 절반 정도의 공기에는 대략 0.02몰, 즉 0.6그램 정도의 산소가 함유되어 있을 것이다. 포도당의 산화는 우선은 알데히드가 산이 되는 것으로부터 시작되는 것인데 이것이면 포도당 1분자에 산소 1원자가 부가(附加)하는 것이 되기 때문에 1몰당으로 계산하면 180그램의 포도당에 16그램의 산소가 반응하는 것이 된다. 이 반응이 만일 매우 빠르다면 큰 스푼 하나(부피가 많기 때문에 20그램 정도?) 정도가 포도당이 있으면 병 속의 공기중의 산소는 즉각 소비되어 버리는 계산이 되나 실제로는 몇 번씩이나 흔들어 섞어서 하면 그때마다 산소가 소비되어가게 된다. 즉 물에 녹아 있는 산소가 아니면 포도당과는 반응하지 않는 것이다.

수산화나트륨의 농도를 크게 하면 반응은 빠르게 되고 엷은 용액에서는 반응은 느리게 되며 퇴색(退色)될 때까지의 시간도 훨씬 길어진다.

우리들이 취급할 수 있는 알칼리로서는 이것 외에 탄산나트륨이나 인산나트륨(원예용품으로서 구입할 수 있다) 또는 소석회(수산화칼슘)가 있다. 그러나 이것들을 사용해서 동일한 실험을 하여도 알칼리로서의 수산화물 이온 농도가 부족되기 쉬워서 반응이 잘 되지 않는다.

김(海苔)이나 봉지과자의 건조제로서 최근에 흔히 사용되고 있는 것은 산화칼슘, 즉 생석회이다. 이것을 물과 반응시키면 수산화칼슘이 될 것이나 상당한 위력으로 발열(發熱)하여 양이 많으면 때로는 위험하기도 하다. 옛날에 어린아이들이 봉지채로 씹어 찢어서

큰 화상을 입었다고 하는 신문기사도 있었으니까 강한 알칼리의
취급에는 아무리 주의를 해도 지나친 것은 아니다.

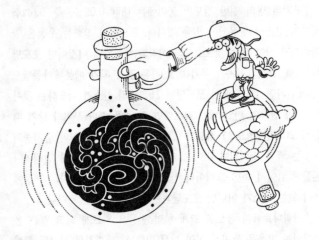

색이 변하는 수용액 (2)

번호외 ?

일러두기

미스터리 작품 등에서 핏자국의 검출에 사용하는 「루미놀(Lu-minol)」의 빛을 실제로 본 일이 있는 사람은 그다지 많지 않다고 생각한다. 루미놀은 1그램에 6000원 정도나 되어 제법 값이 비싸나 사용량은 소량으로도 가능하기 때문에 만일 학교 선생님으로부터 할애받을 수 있으면 이 실험은 가정에서도 할 수 있을 것이다.

준비물

○ 투명 유리병
○ 산소계의 표백제
○ 루미놀
○ 적혈염
○ 오래된 핏자국이 묻어 있을 만한 천쪼가리(손수건, 타올 등)

○ 분무기(향수병 등)

─── 이러한 방법으로 한다! ───────────

산소계의 표백제는 과탄산나트륨이 주성분이다. 이것은 탄산나트륨과 과산화수소가 합쳐져서 결정이 된 것과 같은 것이기 때문에 과산화수소와 탄산나트륨을 일일히 별도로 칭량(秤量)하지 않아도 되기 때문에 이것을 사용하도록 하자.

표백제는 뚜껑으로 대략의 양을 잴 수 있도록 되어 있으니까 5% 강(强)의 농도의 수용액이 되도록 한다. 여기에 루미놀을 가하는 것인데 수용액 100㎖에 대해서 첨가하는 루미놀의 양은 0.1~0.2 그램 정도로도 좋을 것이다. 더 적어도 빛이 나나 방을 정말 깜깜하게 하지 않으면 안된다.

여기서 일부를 별도로 분무기용으로 취하여 둔다. 적혈염은 원래 소의 혈액을 쇠(鐵)로 만든 솥 안에서 알칼리(탄산칼륨)와 삶아서 감청(紺靑, Prussian blue)을 만들 때의 부산물로서 주홍색의 결정인데 현대의 정식 명칭은 「페리시안화칼륨」이고 3가(價)의 철을 함유하고 있다.

방을 어둡게 하고 이 적혈염의 포화용액을 상기 루미놀과 과산화수소의 탄산나트륨용액에 적하시켜 보면 강렬한 빛이 나타난다. 얼마 안가서 이 빛은 없어지나 적하를 반복하면 그때마다 발광(發光)을 관측할 수 있다. 이것은 루미놀(아미노프탈히드라지드)의 분자가 과산화수소와 반응할 때의 촉매로서 적혈염의 이온(페리시안화 이온)이 작용하고 있기 때문이다. 가급적 깜깜한 방에서 하는 것이 발광이 선명하게 보인다.

핏자국이 묻어 있을 만한 천이 있으면 어두운 곳에서 분무기로 이 루미놀용액을 스프레이하여 본다. 붕대나 가제 등으로서 세탁하여 희게 된 것도 좋을 것이고 면도칼에 비어서 피가 묻은 일이 있는 타올이나 손수건도 괜찮을 것이다.

핏속의 헤모글로빈도 이 루미놀의 발광의 촉매로서 작용하나 오래되어서 메토헤모글로빈으로 되었을 때가 촉매로서의 활성이 크고 발광은 강렬하게 된다. 헤모글로빈 속의 철은 모두 2가(價)이나 공기로 산화된 메토헤모글로빈은 앞서 말한 적혈염과 마찬가지로 3가의 철로 되어 있다. 오래된 핏자국쪽이 잘 빛나는 것이다.

넝마조각이면 그대로 버려도 상관없으나 손수건 등은 실험이 끝나면 물을 채운 빨래통에 담가서 더럽혀진 것을 제거하기 바란다. 알칼리성이 상당히 강한 용액이기 때문에 그대로 두면 손수건이 빨리 상하게 되기 때문에……

루미놀 반응은 매우 감도(感度)가 높고 매우 근소한 양밖에는 혈액의 성분이 남아 있지 않은 경우에도 예민하게 검출이 되는 것이나 상기 적혈염과 같이 혈액이 아닌 것도 빛이 나기 때문에 「혈액의 흔적 같은 것이 있음」이라고 말할지도 모른다. 그러나 보통의 인간이 살고 있는 환경이면 그렇게 많이는 착오의 원인이 될 만한 화학물질이 굴러다니지는 않기 때문에 대개의 경우에는 우선은 「혐의가 짙다」라는 것이 된다. (보통의 가정에 적혈염과 같은 약품이 굴러다니고 있다는 것은 상식적으로 생각해도 우선은 가능성이 극히 적을 것이다).

물론 이것으로 수상하다고 하면 별도의 실험을 하여 정말 인간의 핏자국인가, 만일 그렇다면 혈액형은 무엇인가라고 하는 검사를 하게 된다.

　루미놀 반응은 1910년대에 처음으로 발표되었기 때문에 그 이전에 활약한 것으로 되어 있는 셜록 홈즈의 이야기에는 등장하지 않는다. 「짙은 붉은 색의 연구」의 첫머리에서 젊은 홈즈가 「매우 고감도의 헤모글로빈의 검출시험법을 발견하였다」라고 되어 있으나 이것은 발광에 의한 것은 아니고 색의 변화와 침전을 이용한 것으로 되어 있다.

　이 외에도 핏자국의 검출법이나 시험법은 많이 있으나 각각 일장일단(一長一短)이 있기 때문에 상황에 따라서 또 필요로 하는 정보에 의해서 각각 분별해서 사용하게 된다.

　이와 같은 고감도를 필요로 하는 분석법의 경우에는 대상물질이 촉매로서 작용하는 반응계를 이용하는 것이 흔히 행하여지고 있다. 즉 극히 미량의 물질이라도 다른 화학반응의 방아쇠가 될 만한 것이면 그쪽과는 훨씬 비교도 안되는 양이 된 반응생성물에 의한 빛의 흡수나 발광을 관측하는 것으로서 검출이나 정량을 할 수 있는 것이다. 이것이 소위 「접촉분석(接觸分析)」인데 검출뿐만 아니고 정량도 하려고 하면 조건을 변경해서 반응속도를 여러 번 측정하는 것이 필요하게 된다. 이것은 옛날에는 매우 힘이 들었으나 요즘은 장치의 개량과 더불어 마이크로컴퓨터가 발달되어서 자동적으로 반응속도를 측정하여 촉매기능이 있는 물질의 정량을 하는 것이 한결 쉽게 되었다.

맺는말

화학실험 그 자체는 주변에 가까이 있는 재료를 사용하는 것만으로도 정말 재미있는 것이라는 것을 알게 되었으리라고 생각한다. 이것보다도 진보된 것을 하려고 하면 반드시 다소의 설비와 특수한 약품이나 기구가 필요하게 된다. 만일 그러한 것이 입수 가능하다면 지금까지 나열한 것을 기초로 하면 또 여러 가지 재미있는 것이 가능하게 될 것이다.

그러나 단순히 본문에 적혀 있는 대로의 것을 기계적으로 반복하는 것만으로는 학원이나 예비학교의 수업보다도 하찮은 것이 된다. 역시 처음에는 무엇인가 신기한 일이 일어나지 않는가 하고 놀라운 눈으로 보는 것이 아니고서는 애써서 정력과 시간을 소비한 만큼의 가치가 없고 사고도 일어나기 쉽다.

다음부터는 이 재미있는 것을 다른 사람에게도 전달하고 싶어지는 것이 인정(人情)이라고 하는 것이다. 그렇게 되면 자신이 정확히 기록을 하여 순서, 필요한 기구나 물질 등의 양 등을 기록해 두지 않으면 안된다. 또한 「노하우(Knowhow)」 같은 것도 필요하게 될 것이다.

화학실험을 할 때에 어떠한 준비나 마음의 자세가 필요하다든가, 실험의 기록을 하거나 보고서를 쓰거나 할 때에 어떻게 하여야 하는가에 대해서는 몇 권의 책이 있는데 그 중에서 가장 친절한 책으로서 처음에도 소개하였으나 도쿄 대학의 이와모도 후리다케 교수가 지은 『화학실험의 룰과 리포트의 작성방법』(공학도서)을 예로 들어 둔다.

부주의에 의한 사고의 방지를 위해서는 선인들의 실패를 되풀이

하지 않는 것이 최고인데 의외로 이와 같은 사고의 기록이나 원인의 정확한 해명을 정리한 것은 없다. 이 방면에 대해서는 사학(私學)교육연구소의 미야다 미쓰오(宮田光男) 선생이 자신을 포함해서 동료 선생들의 현장에서의 체험을 정리한,『실패는 성공의 어머니』 popular science series (裳菓房)가 아주 참고가 된다.

지루한 것 같지만 제발 부주의 때문에 사고를 일으키는 일이 없도록! 미야다 선생의 책을 보면 참으로 많은 부주의에 의한 사고가 기록되어 있어서 약간 무서운 생각도 드나 지시를 지키지 않고 사고를 일으켰다면 당연히 자신의 책임이고 지침서나 선생님의 탓은 아닌 것이다.

이 책을 읽는 것을 끝마치는 단계까지 온 여러분이면 뒤에 소개하는 여러 가지의 책을 대충 책장을 넘기는 것으로도, 또 별개의 재미있는 화학실험을 할 수 있을 것으로 생각한다. 그러나 반드시 좁은 의미의 「화학」실험만은 아니나 거기까지 불안하게 생각해서 한정시킬 필요는 없다. 그 중에는 상당히 특수한 약품이 필요한 것이나 기교(技巧)가 어려운 것도 있다. 오히려 학교의 화학부 등에서 실험하는 데에 적합한 것이 많게 되어 있다.

『신판·화학을 즐겁게 하는 5분간』 일본화학회편(화학동인)

『누구라도 할 수 있는 화학실험』 시오다 미치오(鹽田三千夫), 야마자키 아키라(山崎 昶) 공편(교리쓰 출판)

『실험에 의한 화학에의 초대』 L·R·사아말린, J·L·일리, Jr. (마루젠)

『화학 매직』 레나드 A 포드(하쿠요샤)

『재미있는 Kitchen Science』 뷔키 코프(도쿄도서)

『일요일의 과학실험』 피에르 콜라(도쿄도서)

『달걀의 실험』 후시미 야스하루(伏見康治), 후시미 미쓰에(伏見滿枝)(후꾸잉깡서점)

『글쎄? 정말 실험실』 Quark편집부편, BLUE BACKS (고단샤)

『쉬운 화학실험』 사카가미 마사노부(阪上正信), 요네다 쇼지로(米田昭二郎), 히요시 요시로(日吉芳朗), BLUE BACKS (고단샤)

『장난 과학실험실』 구리다 쓰네오(栗田常雄), BLUE BACKS (고단샤)

『과학놀이』 (호이쿠샤)

『만엽초목(万葉草木)물감들이기』 무라가미 미치타로(村上道太郎)(신초 서서)

『콜럼버스의 달걀』(아사히 출판)

『꽃의 색깔의 수수께끼』 야스다 사도시(安田 齊)(도카이 대학 출판회)

이 밖에 일본화학회 발행의 『화학과 교육』(격월간)에는 각지의 선생님들의 경험에 바탕을 둔, 흥미있는 쉬운 실험의 예가 다수 기재되어 있다(예전에는 『화학교육』이라는 이름이었는데 1987년부터 상기의 잡지명으로 바뀐 것이다).

약간 분량이 많고 값도 비싼 탓인지 학교에서도 반드시 갖추고 있는 것은 아닌 것 같으나 고단샤에서 출판한

『화학실험사전』 아카보리 시로(赤堀四郎), 기무라 겐지로(木村健二郎)공편

『화학실험도감』 야마모도 오지로(山本大二郎), 스가 교우이치(須賀恭一)공편

은 귀중한 정보원이다. 실험상의 자세한 주의사항 등이 크게 참고가 된다.

〈옮긴이의 주석〉

주1) 반수치사량(lethal dose 50%)

　　다수의 동물에 약을 적용하였을 때 일정시간내에 그 50%가 사
　　망한다고 추정되는 복용량, 통상적으로 생쥐에 실험하고 급성독
　　성시험에서의 가장 중요한 지표

주2) 회지(懷紙)

　　일본 기모노의 소매 속에 간직하여 가지고 다니는 일본종이로서
　　다도(茶道)에서 찻잔을 받치거나 닦을 때 사용하는 종이

주3) 칠난(七難)

　　이승에 일어나는 일곱 가지 재앙.

　　즉 수난(水難), 화난(火難), 나찰난(羅刹難), 왕난(王難), 귀난
　　(鬼難), 가쇄난(枷鎖難), 원적난(怨賊難)을 말함. (불교에서 나
　　오는 용어)

주4) 나카간스케(中勘助)

　　나카간스케(1885 ~ 1965) 씨는 일본의 소설가로서 그의 대표
　　작은 「은수저」이다. 여기서 「나카간스케는 아니다」라고 한 것은
　　이 책의 「15번 은수저」 이야기가 그의 소설 「은수저」와는 관계
　　가 없다는 뜻임.

주5) 화지(和紙)

　　일본종이로서 우리나라 한지와 비슷함

주6) 도라에모노초(捕物帳)

　　일본 도쿠가와 막부 시대에 포도청에서 체포하였거나 수배된

범인의 인명 등을 적은 장부

주7) 아부리다시(炙出)

백지에 술 또는 백반 등으로 문자 또는 그림을 그리고 난 뒤 건
조시켜서 흰 종이같이 보이게 하고 이것을 불에 구우면 문자나
그림이 명료하게 나타나게 하는 것을 말한다(일본어임).

주8) 「반딧불·창밖의 눈」

일본말로 표현하면 「호타루노 히카리·마도노 유키」(형설지공,
螢雪之功)인데 이것은 졸업식 때 부르는 노래의 제목에서 따온
것이며 Auld Lang Syne의 곡조로 부른다.

이 책에서는 형설지공을 말하고자 하는 것이 아니고 형광색소
에 대한 이야기가 나온다.

주9) 모모타로(桃太郞)

일본 동화에 나오는 남자주인공. 동화의 내용은 할머니가 개울
에서 빨래를 하고 있는데 큰 복숭아가 둥둥 떠내려와 그 복숭아
를 집어 올렸더니 그 안에서 동자(童子)가 나와 데려다 키웠는
데 그 동자가 성장하여 도깨비 정벌(征伐)에 나갔다는 이야기
임. 복숭아에서 나온 동자라 하여 「모모타로」라는 이름을 붙임.

주10) 야마모모(楊梅, 山桃)

양매과(科)의 상록교목

주11) 백인일수(百人一首)

가인(歌人) 백 사람의 화가(和歌)를 한 사람마다 한 수(首)씩
선택해서 모은 가집(歌集)

주12) 일자상전(一子相傳)

학술(學術)·기예(技藝) 등의 숨은 비결을 자기 자식 중에서 한 사람에게만 전수(傳授)하고 다른 사람에게는 누설하지 않는 것.

주13) 유바(湯葉)

식품의 이름. 두부의 액에 회즙(灰汁)을 가하고 삶아서 그 상피(上皮)를 떼어서 말린 것.

주14) 드러그 스토어(drug store)

미국의 약방으로서 보통 담배, 화장품, 잡지 따위도 팔고 끽다(喫茶), 경식사도 판다.

주15) 헤이안초(平安朝)

일본의 항무(姮武)천황의 연력(延曆)13년에 평안경(平安京 : 지금의 교토)에 천도한 때부터 원뢰조(源賴朝)가 건구(建久) 3년에 가마쿠라(鎌倉) 막부를 창립할 때까지 전후 약 400년간의 조정(朝廷).

준비물 찾아보기

기타사항 찾아보기

신기한 화학 매직   **B118**

| 1992年 | 11月 | 20日 | 印刷 |
| 1992年 | 11月 | 30日 | 發行 |

譯 者　林　　　承　　　元

發行人　孫　　　永　　　一

發行所　電　波　科　學　社

서울시 서대문구 연희2동 92-18

TEL. 333-8877·8855

FAX. 334-8092   1956. 7. 23. 등록 제10-89호

공급처 : 한국출판 협동조합

서울시 마포구 신수동 448-6

TEL. 716-5621~9

FAX. 716-2995

ISBN 89-7044-118-2   03430

BLUE BACKS 한국어판 발간사

블루백스는 창립 70주년의 오랜 전통 아래 양서발간으로 일관하여 세계유수의 대출판사로 자리를 굳힌 일본국·고단샤(講談社)의 과학계몽 시리즈다.

이 시리즈는 읽는이에게 과학적으로 사물을 생각하는 습관과 과학적으로 사물을 관찰하는 안목을 길러 일진월보하는 과학에 대한 더 높은 지식과 더 깊은 이해를 더 하려는 데 목표를 두고 있다. 그러기 위해 과학이란 어렵다는 선입감을 깨뜨릴 수 있게 참신한 구성, 알기 쉬운 표현, 최신의 자료로 저명한 권위학자, 전문가들이 대거 참여하고 있다. 이것이 이 시리즈의 특색이다.

오늘날 우리나라는 일반대중이 과학과 친숙할 수 있는 가장 첨경인 과학도서에 있어서 심한 불모현상을 빚고 있다는 냉엄한 사실을 부정 할 수 없다. 과학이 인류공동의 보다 알찬 생존을 위한 공동추구체라는 것을 부정할 수 없다면, 우리의 생존과 번영을 위해서도 이것을 등한히 할 수 없다. 그러기 위해서는 일반대중이 갖는 과학지식의 공백을 메워 나가는 일이 우선 급선무이다. 이 BLUE BACKS 한국어판 발간의 의의와 필연성이 여기에 있다. 또 이 시도가 단순한 지식의 도입에만 목적이 있는 것이 아니라, 우리나라의 학자·전문가들도 일반대중을 과학과 더 가까이 하게 할 수 있는 과학물저작활동에 있어 더 깊은 관심과 적극적인 활동이 있어 주었으면 하는 것이 간절한 소망이다.

1978년 9월

발행인 孫 永 壽

도서목록

도서목록

도서목록

도서목록

BLUE BACKS

자연과학시리즈

청소년 과학도서

바다의 세계 시리즈

도서목록